焦作市农村公路管理养护实务

焦作市地方道路管理处　编

黄　河　水　利　出　版　社

图书在版编目(CIP)数据

焦作市农村公路管理养护实务/焦作市地方道路管理处编.—郑州:黄河水利出版社,2007.7
ISBN 978-7-80734-256-4

Ⅰ.焦… Ⅱ.焦… Ⅲ.农村道路-公路养护-焦作市 Ⅳ.U418

中国版本图书馆 CIP 数据核字(2007)第 129276 号

出 版 社:黄河水利出版社
地址:河南省郑州市金水路 11 号 邮政编码:450003
发行单位:黄河水利出版社
发行部电话:0371-66026940、66020550、66028024、66022620(传真)
E-mail:hhslcbs@126.com
承印单位:黄河水利委员会印刷厂
开本:850 mm×1 168 mm 1/32
印张:7.5
字数:200 千字 印数:1—2 000
版次:2007 年 7 月第 1 版 印次:2007 年 7 月第 1 次印刷

书号:ISBN 978-7-80734-256-4/U·25 定 价:20.00 元

《焦作市农村公路管理养护实务》
编 委 会

主　　任　苏延欣

副 主 任　孙习智　郭文生

委　　员　邹文涛　吕立政

编写人员　邹文涛　吕立政　尚海波　李安定

前　言

为进一步加强农村公路养护管理工作，提高农村公路业务部门的养护管理工作水平，规范养护管理行为，焦作市地方道路管理处依据有关政策法规和技术规范，结合焦作市农村公路工作实际，编写了《焦作市农村公路管理养护实务》，供全市农村公路管理养护人员学习使用。

当前新的农村公路县、乡、村三级管理养护体制正在逐步建立，县道养护有待进一步规范，乡、村道管理养护处于起步发展阶段。本书为适合形势发展需要而编写，力求抓住农村公路管理养护的关键问题，浅显易懂，易于接受。本书可作为基层农村公路管理养护人员的工作手册使用，只解决“是什么”、“干什么”的问题，重在操作层面，并未深究学理，欲求深入，还需学习使用者多方探讨。

本书共分 12 章，由邹文涛主持编写、审稿，郭文生负责统校。第一章、第二章、第五章、第六章、第八章由邹文涛编写；第十章、第十一章、附录四由郭文生编写；第三章由尚海波编写；第四章、第九章、第十二章由吕立政编写；第七章由李安定编写；附录一至附录四是焦作市近年来关于农村公路管理养护方面的规章制度，主要起草者是邹文涛、郭文生（附录四）；附录五和附录六是焦作市农村公路发展纪实，主要起草者是吕立政。

鉴于当前农村公路建设工作方兴未艾，农村公路的管理养护还是一个相对崭新的课题，正处于探索阶段，加之时间仓促、学识有限，书中不足之处在所难免，敬请读者批评指正。

编　者

2007 年 6 月

目 录

第一章 绪 论

第一节 农村公路管理养护概念

随着社会发展对交通基础设施需求的进一步提高,作为服务广大农村地区的农村公路受到了国家的日益重视,党的“十六大”提出建设社会主义新农村这一目标时,更是把农村公路作为一项重要指标提上议事日程。农村公路在社会、经济、文化中发挥着重要作用,主要有三点:一、它是解决“三农”问题的必然要求,建设农村公路可增加公路沿线农民的收入,加强城乡沟通,促进城乡一体化;二、它是全面建设小康社会的必然要求,因为全面建设小康社会,最繁重、最艰巨的任务在农村;三、它是实现交通新的跨越式发展的必然要求,农村公路发展相对滞后,整个公路网功能不完善,就不可能实现交通新的跨越式发展。

目前国家加快了农村公路发展的步伐,全国范围内农村公路建设正在如火如荼地进行。交通部提出了“五年千亿”计划发展农村公路,并已于2005年开始实施,全国农村公路建设方兴未艾,如何管好养好这部分道路,使之充分发挥效益,日益受到社会各界的普遍关注。

一、农村公路概念

目前还没有任何一部法规对农村公路进行比较规范的界定,比较权威的是国务院办公厅2005年9月29日发布的《农村公路管理养护体制改革方案》,直接提出农村公路包括县道、乡道和村道,而《中华人民共和国公路法》(以下简称《公路法》)明确国家公路包括国道、省道、县道、乡道四个行政等级公路，县道、乡道是公路毫无疑问，但村道并不在《公路法》界定的公路范畴内，也就是说农村公路管理养护体制改制方案中农村公路的提法是不确切的，用农村道路的提法更准确（为方便起见，本书中仍沿用“农村公路”称谓）。

公路，顾名思义就是承担社会公共交通职能的道路，在《中华人民共和国公路管理条例》中表述为：经公路主管部门验收认定的城间、城乡间、乡间能行驶汽车的公共道路。公路属于公共基础设施的一部分，在实际建设前要按照一定的程序进行规划确认，建设中以财政投资为主，建成后的使用阶段，由县级以上交通主管部门或其公路管理机构按照公路管理法规加以保护，并对管理者的行为加以约束。而村道包括了一个村的村内街道、出村道，建设前未经规划程序（如近两年来河南等省“村村通”规划属于交通部门的政策性规划，并不是真正意义上的规划）规划，建设中以村集体为主，财政等其他资金予以扶助，道路建成后成为村集体财产，社会各界建设村道主要着眼点在于解决村民起始出行问题，但通行并不是村道的全部功能。

由上面的概念分析我们不难看出，农村公路的管理养护至少要分两个层次，即公路和非公路，由于《公路法》对县道、乡道在管理养护主体上也有不同规定，因此这两者也要仔细加以区别。

二、县乡公路和村道不同的管理养护主体

县乡公路的性质、功能决定了县乡公路管理养护的全部任务就是保证县乡公路更好的通行，为此，具有公路行政管理权的部门要依照公路管理法规实施公路路政管理；村道的性质、功能决定了村道管理养护的目标是能够有秩序地使用道路，保证通行是其中一项主要内容，村民委员会按照村民大会集体决定对道路进行管理养护，保证村民能够公平合理地使用村道，维护正常的使用秩序。

《公路法》第八条规定：“县级以上地方人民政府交通主管部门主管本行政区域内的公路工作”，“乡、民族乡、镇人民政府负责本行政区域内的乡道的建设和养护工作”，“县级以上地方人民政府交通主

管部门可以决定由公路管理机构依照本法规定行使公路行政管理职责。”照此规定，县级以上交通部门负责县乡公路路政管理和县道养护，而乡级政府负责乡道养护。

第二节　管理养护内容和形式

一、管理养护内容

公路工作是一个系统工程，管理养护工作是其重要组成部分。管理养护阶段是公路发挥作用的阶段，是公路投资发挥效益的阶段，这个阶段也正是全部公路工作目的的实现阶段，因此养护管理工作的重要性不言而喻。农村公路作为公路网的重要组成部分，具有同样道理。

管理养护的目的就是经常保持公路及其设施的完好状态，及时修复损坏部分，保障人、车正常通行。其具体内容可分为路政管理和养护管理两个方面。路政管理是县级以上交通主管部门或其委托的公路管理机构依据公路管理法规对公路进行的行政管理，该行为强调对公路的保护职能，保护对象不因养护主体不同而改变，具体工作内容除了路产损失索赔等民事行为外，还包括路政许可、路政处罚、路政强制等行政行为。养护管理是公路养护管理部门为达到管理养护目的而进行的生产行为，包括小修保养、中修、大修和改善(具体含义见第三章第二节)。

二、管理养护模式

在农村公路管理模式方面，国内有较多研究，如交通部公路司的《公路养护工程管理办法》、《县乡公路建设和养护管理办法》(河南省)、《洛阳市县乡公路养护管理条例》、《云南省县乡公路建设、养护管理办法》、《贵阳市农村公路养护管理办法》和《贵阳市市属列养县乡公路养护管理办法》，以及一些地方性的规定如安徽省部分市县的公路养护办法等。有关资料显示，目前总体来说，农村公路养护模式有三种：第一种是“建庙、增人、购机”式，即增设机构、增加人员、购置养护设备的专业队伍管理养护模式。第二种是“自建、自营、自养”模式。这种模式沿用了原国、省道管理部门的公路工作模式，要求做到“三个明确”，即明确建设主体、明确管养主体、明确县、乡镇职责。第三种是“分级管理、分片养护”的模式。这种模式要求农村公路管理和养护的主体在行政村，交通主管部门根据农村公路的通行情况，分别划定一定里程或区域，分配给附近的行政村，交通主管部门为其免费培训农民养路工，农民养路工农忙时干农活，农闲时养护农村公路。农民养路工按照养路的好坏或达标率，从行政村委员会或交通主管部门领取一定的报酬。这些养护模式都是结合当地实际情况进行的有益尝试，一定程度上适应了当地农村公路养护工作的需要，取得了明显成效。

但依照目前的公路管理法规和河南省许多地方的实践，按照县、乡、村分级养护模式，同时采用路基、路面分离养护机制更为切实可行。这种养护模式，明确了养护责任主体，符合《公路法》的规定，便于落实有关部门的责任，同时，路基整理和路面清扫等技术性含量较低的工作交由道路沿线农民养护工承包进行，路面养护工程交由专业人员进行，有利于发挥专业优势，提高工作效率，并符合道路养护市场化的要求。

第三节　焦作市农村公路管理养护工作情况

一、管理养护工作发展历程

焦作市农村公路（包括县道、乡道和村道）管理养护工作的发展历程大体可分为以下三个阶段，即：1997 年以前，农村公路管理养护的初创起步阶段；1998～2004 年，管理养护工作的摸索发展阶段；2005 年以后，管理养护工作的全面启动阶段。整个管理养护工作的发展趋势是:管理养护道路的技术等级在不断提高,工作内容在逐步扩展,管理养护模式日趋完善,具体的管理养护工作日趋规范精细。

(一)1997年以前的起步阶段

1997年以前,是焦作市农村公路管理养护的初创起步阶段。焦作市独立的农村公路业务部门于1993年开始陆续组建,至1997年底,焦作市市级农村公路业务部门正式独立组建。这期间管理养护工作的主要对象是从干线公路部门管养里程中剥离出来的210.5 km县道和以前未进行常年养护的559.4 km乡道(除22.1 km二级路外,其余均为四级路,路面结构均为石灰土基层+2~3.5 cm沥青表处;二级路路龄为1~3年,其余道路路龄少则10年,多则超过20年);管理养护的主要方式是季节性群众养护和常年农民养路工路基养护相结合,路面养护工程很少进行;道路病害情况严重,业务部门专业养护里程共有769.9 km,好路率仅为30%。至1997年底,全市共有县乡公路1 193 km,其中有硬化路1 012.6 km,其余未硬化,村道未列入统计范围。

(二)1998~2004年的摸索发展阶段

1998年,全市农村公路管理养护进入摸索发展新阶段,这一阶段以农村公路管理养护工作逐步规范化为主要特征。面对资金短缺、路况质量低下、养护人员素质低、工作效率低的现实,焦作市农村公路业务部门组织编写养护工培训资料,进行专业养护工和农民养护工技术培训,组织开展养护工技术竞赛活动;在具体养护管理中,采用"有效养护工程量"认定方式,提高养护工作效率;认真调研,选取亟需的养护机具装备全市农村公路养护队伍,并以系统论的观点,着眼公路大系统,提出"以建带养"、"养护路政提前介入工程建设"等符合当时管理养护工作实际的创造性工作思路,作为开展农村公路工作的指导思想。通过以上种种努力,焦作市农村公路管理养护的有效方式在短期内得以建立。

至2001年8月,焦作市农村公路业务部门在总结前一阶段有效作法的基础上,结合改革的要求,以发展的眼光制订了《焦作市地方道路养护综合改革方案》,对农村公路的县、乡、村三级管养体制,路基、路面分离养护机制,发挥乡(镇)政府的积极作用,建立农村公路业务部门和乡(镇)政府的协作机制,道路改造、美化标准,农村公路养护资金筹集等问题进行了探讨,使得全市农村公路管理养护工作有了规范性指导。

2001年底~2004年,焦作市进行了大规模的县道二级路改造,全市共进行县道二级路改造700 km,农村公路业务部门所有列养道路全部进行了上档升级。经过改造,县道大部分路面结构成为18 cm碎石灰土+4 cm中粒式沥青碎石+1.5 cm沥青砂结构,另有少部分为15 cm二灰碎石+4 cm中粒式沥青碎石+1.5 cm沥青砂结构。与此同时,高等级的公路管理养护被提上议事日程,为此,焦作市农村公路业务部门组织专人编写管理办法。经过一年的准备,《焦作市县乡公路养护和路政管理暂行规定》以市政府30号令形式于2003年8月20日颁布,并于2003年10月1日起施行。该暂行规定明确了县乡公路养护和路政管理工作中有关部门的责任,解决了县道二级路的部分养护资金来源问题。之后,农村公路业务部门经市交通主管部门委托正式展开县道二级路路政工作,组建了焦作市地方道路路政管理支队。

(三)2005年以后的全面启动阶段

进入2005年,随着全国"村村通"工作的全面展开,焦作市农村公路管理养护工作进入新纪元。这个阶段以乡道、村道养护工作真正展开为主要特征,也就是说,焦作市县、乡、村道全面养护工作在此阶段启动。全市"村村通"建设仅2005年就完成了764 km,2006年又完成了716 km,全部按照四级公路标准,采用18 cm厚水泥混凝土面板结构修建(日前已向省政府报验全部实现"行政村通水泥(油)路")。"村村通"工作的全面开展使得乡村道(这其中包括2003年以来,焦作市利用国债资金新改建的457 km乡道)建成后的管理养护问题受到了关注,也使得《公路法》、《焦作市县乡公路养护和路政管理暂行规定》等法规对乡道乡管的规定有了真正落实的契机,使农村公路县、乡、村三级管养体制的真正实现成为可能。为此，焦作市农村公路业务部门在积极组织“村村通”建设的同时，启动了“焦作市农村公路管理养护文明示范乡镇评定活动”，引导乡镇政府开展农村公路管理养护方面的工作。

二、面临的形势和对策

经过 2001～2004 年的县道二级路改造、2005～2006 年的“村村通”建设、2003 年以来的乡道国债路项目建设，焦作全市现有农村公路 4 527 km。其中县道 1 295 km，乡道 1 134 km，村道 2 098 km；按技术等级分，有二级路 879 km，三级路 480 km，四级路 2 030 km，等外路 1 138 km；按是否硬化路面分，有硬化路 3 676 km，未硬化路 851 km。列入农村公路业务部门直接养护里程的有县道 871 km，至 2006 年 12 月份平均好路率为 81.3%。这些道路均按照《公路养护技术规范》要求进行常年养护；乡道、村道的管理养护如上文所述，还处于扭转观念、落实责任的展开阶段，失养状况比较严重，好在这些公路中的大部分于近年修建，路面状况基本完好。

管理养护工作中的一些突出问题随农村公路的发展而日益显现，成为进一步发展的障碍，主要问题有：

(1)管理养护专项资金严重不足，随着建成里程的增加，这个问题不断加剧(目前，农村公路管理养护的专项资金是拖养费，2006 年达到全市拖养费征收历史最高水平——3 556 万元)；

(2)农村公路分为县道、乡道、村道三个层次，按照《公路法》等法规规定，管理养护主体不仅包括交通业务部门，还应包括地方政府和广大群众，由于历史原因，主体责任不能全面、有效落实；

(3)农村公路业务部门存在发展不够的问题，工作方式、工作效率不能很好地适应现实情况和发展需要。

由此引发的是：乡、村道失养失管情况严重，整个农村公路的路政管理及超限治理工作薄弱，农村公路保护不力，部分道路病害情况及脏乱情况严重，路容不整，这些情况不能很好地适应和带动农村经济发展，甚至成为农村环境整治的难点，已引起了社会各界的广泛关注。

国务院办公厅2005年9月29日以国办发[2005]49号文下发了《农村公路管理养护体制改革方案》，2006年11月16日，省政府办公厅又以豫政办[2006]100号文印发了《河南省农村公路管理养护体制改革实施方案》，要求进一步加强和改善农村公路管理养护，对目前的农村公路管理养护体制进行改革。

改革势在必行，必须积极应对。结合国务院、省政府关于农村公路管理养护改革的方案要求，依据有关公路管理法规，针对焦作市农村公路管理养护实际工作中存在的问题，目前制定的基本对策有以下五项内容：

（一）明确职责，构建市、县、乡、村四级管理养护组织体系

严格按照国务院和省政府关于农村公路管理养护体制改革的规定，落实市、县、乡三级政府和交通、农村公路业务部门的各自责任。在强化县级政府责任的同时，要使乡（镇）政府依法担负起乡道的日常养护工作，并做好村道管理养护的组织发动，协助交通、农村公路业务部门做好县道、乡道路政管理。

在村道管理上，注意村道的集体财产性质，发挥村集体的作用，由村民委员会负责落实村道的管理养护，以"一事一议"形式确定村道管理养护的形式、内容。

在改革初期，交通、农村公路业务部门要对乡（镇）政府的管理养护行为加以引导，并予以人员培训、技术咨询方面的大力支持。

（二）多方筹资，建立稳定的农村公路管理养护资金保障长效机制

国务院、省政府的改革方案基本明确了养护资金来源，在拖养费继续用于农村公路管理养护的基础上，又明确了汽车养路费的补助额度，并提出地方政府财政资金要予以补助。

落实资金来源后，要制定切实可行的制度，保证农村公路管理养护资金全额用于农村公路的管理养护。各级管理单位要进行专项管理、专项核算、专项拨付，使用单位要做到专户存储、专项核算。

(三)建立养护工程和日常养护管理分类运作机制和激励机制，逐步推进农村公路养护市场化

县道养护和乡道、村道中沥青路面、水泥混凝土路面的大中修、防护、水毁修复等技术性较强的工程项目，通过招标方式选择具有养护资质的单位组织实施；乡道的小修保养根据当地实际情况，采用专业指导、个人(农户)分段承包方式进行，由乡(镇)政府负责招聘，实行合同化管理，有条件的地方可委托专业队伍进行养护；村道的小修保养问题，由村民大会或村民代表大会“一事一议”决定，以村规民约形式确定下来，村委会组织落实，乡(镇)政府督促、指导，具体可采用群众性养护协会养护，专人养护，农户轮流养护，门前、田头分段养护等形式。

(四)健全路政管理网络，建立保护农村公路的长效机制

依照公路管理法规，农村公路路政管理按照产权与管理权相分离的原则，开展路政管理工作。农村公路路政管理支队，正式定编，并对原有路政力量加以扩充，同时在农村公路沿线聘任路政协管员，建立健全农村公路保护网络。

(五)管养分离，事企分开，推进农村公路管理业务部门改革

按照精简、高效的原则，重新核定业务部门和人员编制，精简农村公路管理人员，实行管养分离、事企分开。

原农村公路业务部门所属的工程养护处(队)以及场、站、库、室、院等经营性质的事业单位全部建制转为企业，实现与农村公路管理机构人、财、物脱钩，成为自主经营、自负盈亏、自我约束、自我发展的企业法人和市场竞争主体。给予与干线公路管理养护改革同等的优惠政策，确保农村公路管理机构改革平稳进行。

综上所述，农村公路的管理养护工作牵涉千家万户，是惠及广大人民群众的实实在在的工作，具有层次性、法规性、群众性、社会性等特点，且具有鲜明的时代性。具体工作模式需要因地制宜、因时制宜,目前改革发展的空间还很大。焦作市农村公路的管理养护工作同全国各地一样,正面临着机遇与挑战同在的大好发展时机,需要认真摸索、积极应对,唯有如此,方能乘势而上,开创路路有人管理,且用路有序、管理有效的农村公路管理养护新局面。

第二章　公路基础知识

第一节　公路技术等级

一、公路分级

公路根据使用功能和适应的交通量分为高速公路、一级公路、二级公路、三级公路、四级公路五个等级。

(1)高速公路为专供汽车分向、分车道行驶并全部控制出入的多车道公路。四车道高速公路应能适应将各种汽车折合成小客车的年平均日交通量 25 000～55 000 辆;六车道高速公路应能适应将各种汽车折合成小客车的年平均日交通量 45 000～80 000 辆;八车道高速公路应能适应将各种汽车折合成小客车的年平均日交通量 60 000～100 000 辆。

(2)一级公路为供汽车分向、分车道行驶并可根据需要控制出入的多车道公路。四车道一级公路应能适应按各种汽车折合成小客车的年平均日交通量 15 000～30 000 辆;六车道一级公路应能适应按各种汽车折合成小客车的年平均日交通量 25 000～55 000 辆。

(3)二级公路为供汽车行驶的双车道公路。双车道二级公路应能适应将各种车辆折合成小客车的年平均日交通量 5 000～15 000 辆。

(4)三级公路为主要供汽车行驶的双车道公路。双车道三级公路应能适应将各种车辆折合成小客车的年平均日交通量 2 000～6 000 辆。

(5)四级公路为主要供汽车行驶的双车道或单车道公路。四级公路应能适应将各种车辆折合成小客车的年平均日交通量为:双车道 2 000 辆以下;单车道 400 辆以下。

二、公路设计行车速度

各级公路的设计行车速度如表 2-1 所示。

表 2-1　各级公路设计行车速度

公路等级	高速公路			一级公路			二级公路		三级公路		四级公路
设计速度(km/h)	120	100	80	100	80	60	80	60	40	30	20

注:①高速公路上特殊困难的局部路段,且因新建工程可能诱发工程地质病害时,经论证后,该局部路段的设计速度可采用 60 km/h ,但长度不宜大于 15 km ,或仅限于相邻两互通式立体交叉公路之间,与其相邻路段的设计速度不应大于 80 km/h。

②一级公路作为干线公路时,设计速度宜采用 100 km/h 或 80 km/h;一级公路作为集散公路时,根据混合交通量、平面交叉间距等因素,设计速度宜采用 60 km/h 或 80 km/h。

③二级公路作为干线公路时设计速度宜采用 80 km/h;二级公路作为集散公路时,混合交通量较大、平面交叉间距较小的路段,设计速度宜采用 60 km/h;二级公路位于地形、地质等自然条件复杂的山区,经论证该路段的设计速度可采用 40 km/h。

三、公路汽车荷载等级

各级公路桥涵设计的汽车荷载等级应符合表 2-2 规定。

表 2-2　汽车荷载等级

公路等级	高速公路	一级公路	二级公路	三级公路	四级公路
汽车荷载等级	公路—Ⅰ级	公路—Ⅰ级	公路—Ⅱ级	公路—Ⅱ级	公路—Ⅱ级

注:①二级公路作为干线公路且重型车辆多时,其桥涵设计可采用公路—Ⅰ级汽车荷载。

②四级公路重型车辆少时,其桥涵设计可采用公路Ⅱ级车道荷载效应的 0.8 倍,车辆荷载效应可采用 0.7 倍。

第二节　公路基本组成部分

公路是建筑在大地上的一种线形构造物,主要承受车轮荷载的重复作用,并受各种自然因素的长期影响和破坏。因此,公路不仅要有平顺的线形、和缓的纵坡,而且还要有坚实的路基、平整和防滑性能好的路面、牢固耐用的桥涵和其他人工构造物,以及不可缺少的附属工程和附属设施,以满足交通的要求。公路还应保证在使用期间,技术条件和工程质量不致下降。

公路的基本组成部分包括路基、路面、桥梁、涵洞、隧道等基本构造物,还有线路交叉工程、路基防护工程和排水工程、山区特殊构造物,以及公路沿线设施,如安全设施、管理设施、服务设施和公路绿化等。由于受地形、地质等自然条件的限制,公路线形在平面上由直线段和曲线段组成;在纵面上由上坡、下坡和平坡段组成。公路线形的方位和几何特征值,代表一条公路的前进方向和迂回起伏程度,其线形质量的高低,既可以判别一条公路技术等级的高低,又关系到汽车营运车速和行车时的安全与平稳,以及乘客的舒适度、运输效益和工程经济。因此,设计人员对公路线形设计的研究,已成为公路建设方面的一个重要课题。

一、路基

路基是公路与自然地面接触的最基本部分,是路面的基础。它直接承受路面结构层自重作用及其传递下来的行车荷载的作用;同时公路的平、纵、横面线形,也都通过路基表达出来。因此,足够坚固和稳定的路基是保证路面结构强度和稳定性的基本条件,也是保证行车安全的基础。

(一)路基设计的基本要求

影响路基结构强度和稳定性的因素很多,其中路基的压实度和自然降水对公路路基危害最大。为保持路基稳定,路基设计应符合以下要求:

(1)对于填方路基,评价路基强度的主要技术标准是路基压实度。路基设计最好选用砂性土填筑路基,并采用相对密实度来控制它的压实度,如选用黏性土,土质应比较干燥,施工时应严格控制土的含水量，并注意压实，使填土达到最好的密实度。

(2)影响路基强度和稳定的地面水和地下水，必须采取拦截或排出路基以外的措施。设计排水设施时，应保证水流排泄畅通，并结合附近农田的排灌，综合考虑。

(3)为了保护和支撑路基边坡或路堤填土本身不致发生滑动或崩塌，应修建必要的防护工程；山区公路路基还要结合地形的特点修建各种特殊构造物。

(4)通过特殊地质、水文条件地带的路基，应作好调查研究，并结合当地实践经验，进行个别设计。

(二)路基横断面的基本形式

(1)路堤：在低洼地段用土(石)填筑，其顶面高于自然地面的路基，也称填方路基，见图 2-1。

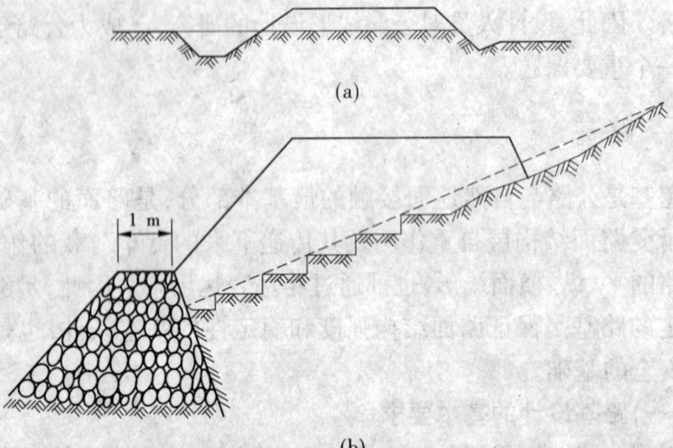

(a)平坡填土；(b)斜坡填土

图 2-1　路基或填方路堤横断面图

(2)路堑：在高地或山丘上挖槽建筑的路基，其路基顶面全部低于自然地面，见图 2-2。

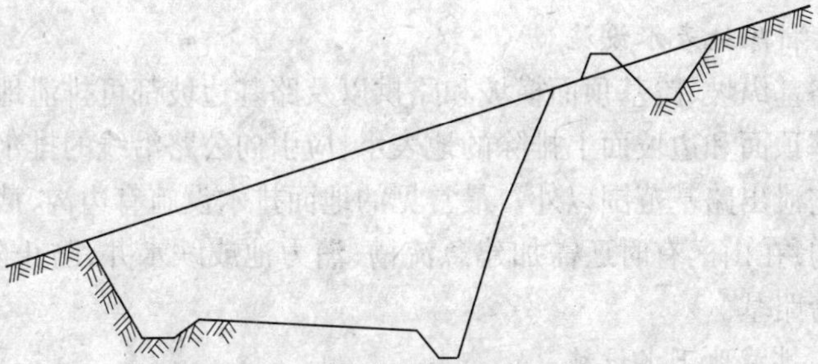

图 2-2　路堑或挖方路基横断面图

(3)半挖半填路基:兼有上述两种形式特点的路基。建筑在山坡上的公路路基,上坡的一侧挖凿成半个路堑,下坡的一侧筑成半边路堤，这两部分组合成半挖半填式的路基横断面,见图 2-3。

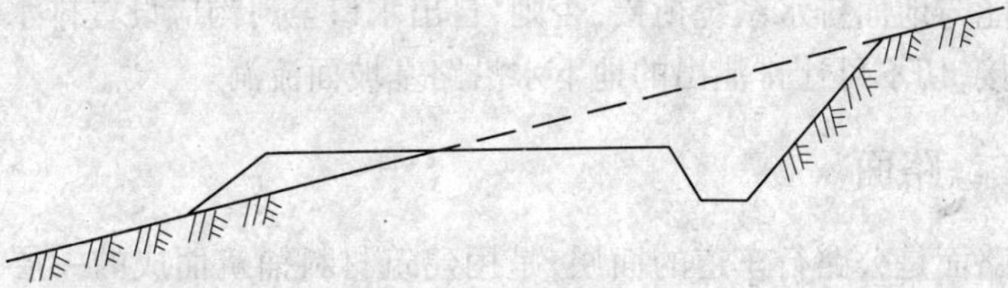

图 2-3　半挖半填式路基横断面图

(三)路基宽度

在一般情况下,高速公路、一级公路路基宽度为行车道、中间带与路肩宽度之和;其余等级公路为行车道与路肩宽度之和。当设有中间带、变速车道、爬坡车道、紧急停车带时,尚应包括这些部分的宽度。

(四)路基排水设施

路基排水主要应注意排除滞留地表水,使路基经常保持干燥状态,同时也应注意排除地下水,并防止路基范围内的地表水向地下渗透而形成地下水。埋藏很浅的地下水,常可对路基强度和边坡稳定造成很大的危害。因此,各级公路应根据沿线的降水与地质水文等具体情况,设置必要的地面排水和地下排水设施,并与沿线桥涵配合形成良好的排水系统，以保证路基及其边坡的稳定。

1.排除地表水设施

路基纵坡、路基顶面横坡和路拱以及路基边坡都可排泄地表水。从路基顶面和边坡面上排除的地表水，应引向公路沿线的排水系统，并把它泄出路基范围以外。最常见的地面排水设施有边沟、截水沟、排水沟；在山区有时还需加建急流槽、消力池或跌水井，防止陡坡急流冲垮路基。

2.排截地下水设施

排除或截断地下水渗漏也是保护路基及边坡稳定的一项重要措施。常常在路堤下部铺设隔水层或过滤层以截断地下水；在路堤两侧或边坡外面设置渗沟、盲沟和暗沟等设施，用以排泄地下水。排泄地下水的沟道，出水口都应设在路堤坡脚或路堑坡顶影响范围以外，尽可能与地面排水系统衔接，否则，自出水口至河沟应设置排水沟相互衔接，切不可让排泄出的地下水沿路基坡面流淌。

二、路面

路面是公路行车道的面层，是用建筑材料铺筑而成的一层或多层结构层。承受车轮的荷重和磨耗，同时不断经受着自然气候的侵蚀和影响。因此，路面应具有良好的稳定性和足够的强度，其表面应达到平整、密实和抗滑的要求，以保证汽车安全、舒适和快速行驶。

（一）路面设计的基本要求

(1)公路路面的行车道、路缘带、变速车道、爬坡车道、硬路肩和紧急停车带等均应铺筑路面；

(2)公路路面应根据交通量及其组成情况和公路等级、使用任务、性质、当地材料及自然条件，进行综合设计；

(3)路面应具有良好的稳定性和足够的强度，其表面应达到平整和抗滑要求；

(4)各级公路路面可根据交通量发展需要，一次建成或分期修建。

(二)路面结构组成

路面结构层底面与土基接触,它的顶面直接承受车轮滚动荷载,为适应顶面和底面不同作用力的要求,路面应为具有不同结构的多层次构造。铺在一般土基上的路面,至少应具有基层和面层两个层次;铺筑在软弱土基上的路面,常常还要加筑底基层;比较完整的路面结构层从外向内由面层、基层、垫层组成。

1.面层

面层是直接承受车轮荷载反复作用和自然因素影响的结构,可由一层或数层组成。面层中的上下层常采用不同的结构类型,下层较厚,上层较薄,上层表面有的还加铺磨耗层。上、下层可以采用相同或不同的建筑材料铺筑;路面面层所采用的材料,要求强度高和耐磨性好。

2.基层

基层是设置在面层之下,并与面层一起将车轮荷载作用传导到土基的结构层,起主要承重作用。基层可分为上基层和底基层。

3.垫层

垫层是设置在基层与土基之间的结构层,起排水、隔水、防水、防冻、防污作用。

由于路面直接承受车轮的载重和冲击,不仅要求面层结构强度高,还要求整体性和稳定性都好。对于强度而言,依路面构造层次,从面层、基层、垫层到土基,每一结构层的强度或弹性模量应该是由高到低。道路结构层如图 2-4 所示。

(三)路面结构层类型

1.面层

面层应坚实、耐磨、平整。根据面层所用材料可分为以下四种:

(1)高级路面:水泥混凝土路面、沥青混凝土路面。

(2)次高级路面:沥青贯入式路面、沥青碎石、沥青表面处治等。

(3)中级路面:碎、砾石(泥结或级配)、半整齐石块,其他粒料。

(4)低级路面:粒料加固土,其他当地材料加固或改善土。

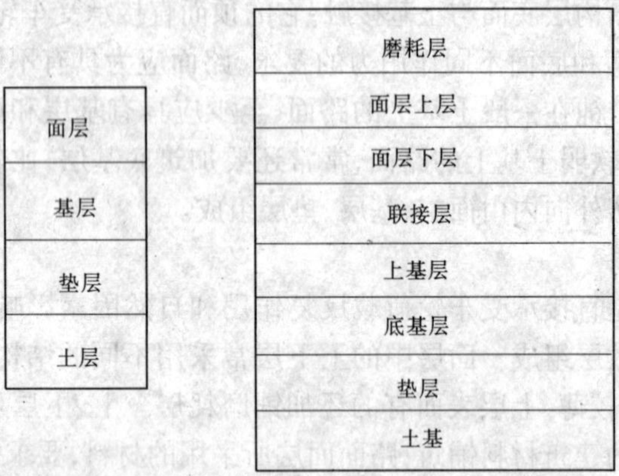

(a)　　　　(b)

图 2-4　道路结构层次示意图

对于沥青面层应具有良好的抗滑、防渗、耐疲劳的性能以及抗高温变形、抗低温开裂的温度稳定性；对于水泥混凝土面层应具有较高的强度，表面平整、耐磨，并有一定的粗糙度。路面面层类型及适用公路等级如表 2-3 所示。

表 2-3　路面面层类型及适用公路等级

路面等级	路面类型	路面等级	路面类型
高级路面	1. 沥青混凝土路面 2. 水泥混凝土路面 3. 整齐石块路面	中级路面	1. 碎、砾石（泥结或级配）路面 2. 不整齐石块路面 3. 其他粒料路面
次高级路面	1. 沥青贯入式碎石、砾石路面 2. 沥青碎、砾石路面 3. 沥青面处治路面 4. 半整齐石块路面	低级路面	1. 粒料加固土路面 2. 其他当地材料加固或改善土路面

2. 基层

基层应具有足够的强度和稳定性，且表面平整。基层材料应根据交通等级、当地条件和经济性等因素选用水泥稳定土、石灰稳定工业废渣、级配碎石、级配砾石、填隙碎石、石灰稳定土等。一般来说，高速公路、一级公路宜采用水泥稳定类、石灰稳定类、石灰工业废渣类等材料铺筑；对于二级以下公路，除上述材料外，也可采用嵌锁碎石和级配砾石等材料或其他适宜的当地材料铺筑。

3. 垫层

在水温状况不良路段的土基与基层之间宜设置垫层。垫层应具有一定的强度和较好的水稳性，在冰冻地区尚需具有较好的抗冻性。

(四)高速行车对路面的要求

高速行车要求路面可以保证高速行车的舒适和安全，以降低行车消耗和运输成本。为满足这些要求，公路路面应该具有足够的强度和稳定性，较高的平整度和抗滑性，以及与道路环境有关的其他特性。

1. 强度

路面强度可以反映路面结构层在车轮反复作用下维持正常工作的能力。如果在使用周期内，在荷载(轮重及交通量)作用下，能基本保持结构层完整无损，那么这样的路面，可称为强度好。如果在使用周期中，因荷载作用而发生塑性变形或破裂，或者局部遭到行车破坏，则称为强度差。

2. 稳定性

路面结构层的稳定性，是指路面在使用周期内，因工程性质不同、自然因素影响而可能发生的强度变化。路面稳定性，包括水稳定性、温度(炎热和冰冻)稳定性和时间稳定性（即耐久性)等。如果路面经得住夏天的烈日照射，能够抵御暴雨和径流的冲刷，在严寒冰冻下不开裂，在高温季节不发软，这样的路面，可称为稳定性好的路面。

3. 平整度

路面平整度好与差与汽车行驶速度有十分密切的关系。如果路面施工质量不高，在面层留下局部凹凸不平的痕迹，或者因行车碾压和磨损破坏在路面上形成坑槽，那么汽车在这样的路面上行驶不仅影响行驶速度，还会影响行车舒适性、安全性。供汽车高速行驶的高级路面，尤其需要注意路面铺筑时的平整度。

4. 粗糙度

路面粗糙度是指车轮与路面接触的每一局部面积内在微观的路面表面呈现出的凹凸不平。这种微小的坑洼愈多、愈深，表明路面表面愈粗糙。

汽车在公路上行驶，车轮与路面之间相对运动形成摩阻力，这是汽车制动和行车安全的重要因素。如果汽车与路面之间的摩阻力很小，车轮的纵向和横向都可能出现滑移。路面上微观的凹凸面分布得很均匀，路面粗糙度就好，在车轮重压力下，轮胎与路面的摩阻力就大，汽车在这样的公路上行驶安全系数就大一些。

路面的粗糙度与路面平整度是两个没有任何关系的独立概念。平整度的含义是在宏观上没有高低起伏的面；粗糙度的含义是在微观上路面不能像镜面那样光滑。

5. 路拱

路拱坡度主要考虑路面排水的要求。各级公路的路拱坡度应根据路面类型和当地自然条件以及有关技术标准规定进行设置。对于双车道公路，车辆常常沿着路中心线行驶，为方便行车和会车时相互向右避让，路拱横坡面不允许在路中心线上形成折线。因此，在设置路拱横坡时，都将相反的两个横坡用抛物线连接，曲线沿路中线对称，两侧切线的坡度为路拱坡度。此外，行车道两侧的土路肩横坡，一般应较路拱横坡大1%～2%，从而可使路面横向排水更加顺畅。

三、桥梁涵洞

桥涵是公路的重要组成部分。公路跨越河流和沟谷，需要修建桥梁或涵洞一类的构造物，下面泄水，上面行车。桥梁是较大的泄水构造物，涵洞是小型泄水构造物。桥涵的划分，无论有无填土，均以跨径的大小为准。凡泄水孔单孔跨径小于 5 m 或多孔跨径之和小于 8 m 都称涵洞,大于这一规定值的称为桥梁。

桥梁按跨径、总长划分为特大桥、大桥、中桥和小桥四种。

(1)特大桥:多孔跨径总长 $L>1\ 000$ m,或单孔跨径 $L>150$ m 的桥梁;

(2)大桥:多孔跨径总长 $100\ m\leqslant L\leqslant 1\ 000$ m,或单孔跨径 $40\ m\leqslant L\leqslant 150$ m 的桥梁;

(3)中桥:多孔跨径总长 $30\ m<L<100$ m,或单孔跨径 $20\ m\leqslant L<40$ m 的桥梁;

(4)小桥:多孔跨径总长 $8\ m\leqslant L\leqslant 30$ m,或单孔跨径 $5\ m\leqslant L<20$ m 的桥梁。

此外,在公路上常见到的泄水构造物还有透水路堤和漫水路面,在尚未修建桥的大中型河流上还有渡口,它们都起着类似桥涵的作用。

(一)桥梁

桥梁主要由桥跨结构(称上部结构)和墩、台(称下部结构)和基础三部分组成。上部结构是跨越路线障碍的结构物,包括行车道、人行道和栏杆,以及支承桥面系的板、梁、拱和拉索等;下部结构是支承上部结构的建筑物,起支承桥跨结构和衔接路堤的作用;桥梁上部构造及墩、台荷载,经过基础传递到可以持力的地层上,常用的基础形式有扩大天然地基、桩基和沉井基础等。

从构造形式看,桥梁可分为梁桥、拱桥、吊桥和斜拉桥;从结构类型看,又可分为板桥、梁桥、悬臂梁桥、连续梁桥、桁架桥、钢构桥;从建筑材料看,又可分为钢筋混凝土桥、预应力钢筋混凝土桥、钢桥和石桥等。

(二)涵洞

涵洞是公路上广泛使用的一种人工建筑物,通常修建在小山沟和有流水的低洼处,流水孔沿行车方向称作跨径,沿流水方向称作涵洞长度,即涵洞的长轴方向与流水方向相同。

涵洞由洞身、洞口建筑、基础和附属工程组成。洞身是涵洞的主要部分，它的截面形式有圆形、拱形、矩形和箱形。洞口建筑设置在洞口两端，位于涵洞上游的洞口称为进水口，位于涵洞下游的洞口称为出水口。基础的形式分整体式和非整体式两种，涵洞孔径较小时，一般采用整体式基础；涵洞孔径较大，地基情况良好，可采用非整体式基础。涵洞的附属工程包括：锥形护坡、河床铺砌、路基边坡铺砌及人工水道等。

涵洞种类繁多，其截面形状、出入口类型、洞内水流流态也多种多样。从平面方向看，当涵洞长轴与路中心线正交时，称为正涵；当其长轴与中心线形成某一夹角时，称为斜涵。正涵长度等于路基宽度，斜涵长度大于路基宽度。洞顶不填土的称为明涵，洞顶填土的称为暗涵。为适应流量需要，圆管涵洞可以双管并列或多管并列，拱涵和矩形涵也可以并列成为双孔或多孔涵洞。

第三节　公路沿线附属设施

公路沿线附属设施包括交通安全设施、交通管理设施、防护设施、停车设施及公路绿化等。

一、交通安全设施

交通安全设施的基本作用，首先在于有效地诱导驾驶员的视线，增加行车安全感，将行驶在车道上的车流纳入各自就位的运行空间；其次，万一出现车轮越出路肩的险情时，设置在危险路段的安全设施可以起到一定的防护作用。对于公路线形技术标准偏低的路段，如急转弯、陡坡、窄路或连续急弯，都须用一定的标志让驾驶员事先获得信息，提醒他们小心谨慎地操纵车辆行驶。总的说来，交通安全设施是保证车辆安全行驶必不可少的附属设施。主要包括以下内容：

(1)刚性护栏：是一种基本不变形的护栏结构。混凝土护栏是刚性护栏的主要形式，它是一种以一定形状的混凝土块相互连接而组成的墙式结构,它利用失控车辆碰撞其后爬高并转向来吸收碰撞能量。

(2)半刚性护栏:是一种连续的梁柱式护栏结构,具有一定的刚度和柔性。波形梁护栏是半刚性护栏的主要代表形式,它是一种以波纹状钢护栏板相互拼接并由立柱支撑而组成的连续结构,它利用土基、立柱、波形梁的变形来吸收碰撞能量,并迫使失控车辆改变方向。

(3)柔性护栏:是一种具有较大缓冲能力的韧性护栏结构。缆索护栏是柔性护栏的主要代表形式,它是一种以数根施加张力的缆索固定于立柱上而组成的结构,主要依靠缆索的拉应力来抵抗车辆的碰撞,吸收碰撞能量。

(4)中央分隔带护栏:是指设置于公路中央分隔带内的护栏。目的是防止失控车辆穿越中央分隔带闯入对向车道,并保护中央分隔带内的构造物。

(5)活动护栏:是指设置于中央分隔带开口处的能够移动的护栏,以便事故处理车辆、急救抢险车辆紧急通过。

(6)桥梁护栏:是指设置于桥梁上的护栏,目的是防止失控的车辆越出桥外。

(7)隔离栅:是把金属网(或钢板网、刺铁丝)绷紧在支撑结构上的栅栏,用于防止人、畜进入公路或其他区域,防止非法侵占公路用地的设施。

(8)防眩设施:是指防止夜间行车受对向车辆前照灯眩光影响的构造物。(注:眩光是指在驾驶员视野范围内对向出现极高的强光,使驾驶员视觉机能或视力降低,并产生烦恼和不舒适的光照。)

(9)视线导标:是指沿道路两侧设置的,用于指示道路方向、车行道边,以及危险路段位置的设施的总称。

(10)分流或合流导标:是指设置于交通分流或合流区段的设施。它可以引起驾驶员对高速公路入口、出口附近的交叉运行的注意。

(11)线形诱导标:是设置于急弯或视线不良路段,用来指示道路改变方向，或设置于施工、维修作业路段，用来警告驾驶员改变行驶方向的设施。

二、交通标志、标线

随着改革开放的不断深入和高等级公路的陆续修建和快速发展，对道路交通标志、标线提出了更高要求，国家标准《道路交通标志和标线》(GB5768—1999)随着新的形势要求应运而生。目前，交通标志、标线越来越显示出其重要作用，对它有以下 5 项基本要求：①满足行车需要；②吸引注意力；③传递清楚、简单的信息；④引起道路使用者的重视；⑤给予足够的反应时间。交通标志要满足以上要求，则要通过颜色、形状、文字及图案等要素的变化，同时要求交通标志线白天黑夜都能显示同样清晰的信息，并提供足够的视认距离，以便驾驶员能在短时间内看清、看懂，从而更好地使用公路，达到安全畅通的目的。

(一)交通标志的要求

道路交通标志是用图形符号、颜色和文字向交通参与者传递特定信息，用于管理交通的设施。

道路交通标志的文字应书写规范、正确、工整，根据需要可并用汉字和其他文字，当标志上采用中英文两种文字时，地名用汉语拼音，专用名词可用英文。

道路交通标志的边框外缘应有衬底色，规定为：警告标志为黄色，禁令标志为白色，指示标志为蓝色，高速公路、城市快速路的指路标志为绿色，其他道路的指路标志为蓝色。

(二)交通标志的分类

交通标志分为主标志和辅助标志两大类。

1. 主标志

主标志包括以下 6 种：

(1)警告标志：警告车辆、行人注意危险的标志。

(2)禁令标志：禁止或限制车辆、行人交通行为的标志。

(3)指示标志:指示车辆、行人行进的标志。

(4)指路标志:传递道路方向、地点、距离的标志。

(5)旅游区标志:提供旅游景点方向、距离的标志。

(6)道路施工安全标志:通告道路施工区通行的标志。

2.辅助标志

辅助标志是附设在主标志下,起辅助作用的标志。

我们在道路上设置交通标志的目的是为车辆驾驶员提供完善和清晰的情报,这涉及标志设置的合理性和标志板面的视认性两方面的问题。交通标志通过其特有的形状、颜色、字符来传递信息。面对快速移动的车流、五花八门的车辆、变化无常的气候等复杂因素,如何发挥交通标志的有效性,是应予重点关注的问题。从工程心理学角度来看,一个理想的交通标志设计,应满足下列要求:

(1)醒目度——能在要求的认读距离以外吸引驾驶员的注意,能在标志所处的背景中清晰地显示出来;

(2)易读性——能在瞬间理解其含义;

(3)公认度——容易被不同文化和语言背景的人们理解,既要符合本土文化特点,又要照顾到国际通用性。

三、公路绿化

公路绿化主要指在公路两侧,路肩以外的公路用地范围内以及中间带种植树木和花草,用于美化路容,保护环境。在公路绿化布局或设计时,应考虑选择乔木与灌木结合、针叶树与阔叶树结合、树木与花草结合,防护与观赏林结合的方案,以形成富有特点的美化公路的景色。同时,公路绿化还应有利于提高汽车行驶的安全性,特别是对于高等公路,不应只是简单的种树植草,应以公路交通为主体,注意总体效果,充分考虑视觉效果、心理反应、养护工作及环境等因素,使绿化有利于交通,消除因绿化不当而引起的不良影响。

第四节　公路横断面、建筑界限、公路用地和建筑控制区

一、公路横断面

公路横向路幅宽度等于路基顶面的宽度。各级公路的路基顶面宽度如表 2-4 所示。公路横断面主要是指垂直行车方向的路幅布置,公路横断面见图 2-5。

表 2-4　各级公路路基宽度

公路等级		高速公路、一级公路								
设计速度(km/h)		120			100			80		60
车道数		8	6	4	8	6	4	6	4	4
路基宽度(m)	一般值	45.00	34.50	28.00	44.00	33.50	26.00	32.00	24.50	23.00
	最小值	42.00	—	26.00	41.00	—	24.50	—	21.50	20.00

公路等级		二级公路、三级公路、四级公路					
设计速度(km/h)		80	60	40	30	20	
车道数		2	2	2	2	2 或 1	
路基宽度(m)	一般值	12.00	10.00	8.50	7.50	6.50(双车道)	4.50(单车道)
	最小值	10.00	8.50	—	—	—	

注:①“一般值”为正常情况下的采用值;“最小值”为条件受限制时可采用的值。

②8 车道高速公路路基宽度“一般值”为设置左侧硬路肩、内侧车道采用 3.50 m 时的宽度;8 车道高速公路路基宽度“最小值”为不设置左侧硬路肩、内侧车道采用3.75 m时的宽度。

高速公路、一级公路的路幅比较宽,主要包括双向分离的行车道、中央分隔带(或中间带)、路肩。根据实际需要,有的路段还应加

设紧急停车带、上坡车道、变速车道和外侧分隔带等。二级以下等级公路的路幅包括行车道和路肩，四级单车道道路在相应地理位置应设置错车道等。

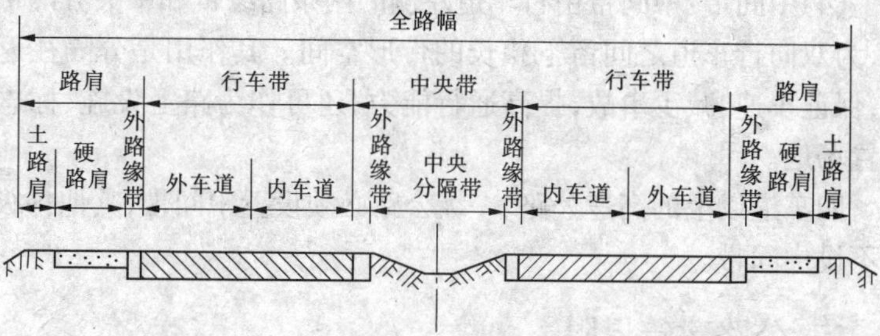

图 2-5　公路横断面图

(1)行车道：行车道是专供汽车行驶的公路的主要部分，为保证汽车高速、安全行驶，行车道应具备一定的宽度和足以负荷交通量的结构强度。车道宽度如表 2-5 所示。

表 2-5　车道宽度

设计速度(km/h)	120	100	80	60	40	30	20
车道宽度(m)	3.75	3.75	3.75	3.50	3.50	3.25	3.00 (单车道时为 3.50)

除四级公路可以为单车道外，其余公路的行车道都是成对设置的，行车道总宽度是车道宽度的倍数。高速公路和一级公路至少设置四条以上的双向车道。

(2)路肩：路肩是路面结构层的横向支撑，保护车道边缘不致遭受侧向的破坏。在与行车道连接部分应设置路肩(设置中间带或停车带时不受此限)，它是公路横断面不可缺少的组成部分。

(3)紧急停车带：高速公路、一级公路右侧硬路肩宽度小于 2.25 m

时,应考虑加设紧急停车带。紧急停车带的设置间距,平原微丘区为300 m,山岭重丘区为500 m左右;紧急停车带的宽度包括硬路肩在内为3m,有效长度应大于或等于30 m。

(4)中间带:中间带由行车道左侧的两条路缘带和中央分隔带组成,为双向行车道之间留下狭长的带形空间。其作用是分隔往返车流,保证车速,减少事故,提高通行能力;还可作为路上设施、标志的设置场地。

四车道以上的高速公路、一级公路必须设置中间带,其他各级公路不设中间带。

二、公路建筑界限

公路建筑界限是为保证车辆和行人的正常通行和安全,规定在公路上的一定宽度和高度范围内不得有任何障碍物侵入的空间范围,又称为公路净空,农村公路净空的控制范围指标为:

净空宽度 = 路面宽度 + 侧向宽度(二、三、四级路的侧向宽度 = 路肩宽度 - 0.25 m);

二级公路净空高度5 m ,三、四级公路净空高度4.5 m。

一条公路应采用一个净高,在行车道横向宽度范围内以及跨过公路的桥梁、隧道、水渠和其他各种建筑物都应该满足这一净空要求。其中对公路行车安全可能造成损害的设施如高压电力线、天然气管道或其他高压管道,其靠近公路的安全距离或跨越公路的安全净高,还必须符合有关技术安全规定。

另外,凡设置在平曲线内侧的设施,都不允许妨碍行车安全视距。

三、公路用地

公路占用土地主要是路基占用土地,包括桥涵等工程构造物在内。公路用地范围为:

(1)公路用地范围为公路路堤两侧排水沟外边缘(无排水沟时为

路堤或护坡道坡脚)以外，路堑坡顶截水沟外边缘(无截水沟为坡顶)以外不小于1 m范围的土地。在有条件的地段，高速公路和一级公路不小于3 m、二级公路不小于2 m范围内的土地为公路用地范围。具体用地范围由当地县级以上人民政府确定。焦作市人民政府《焦作市县乡公路养护和路政管理暂行规定》规定县乡公路两侧边沟(截水沟、坡脚护坡道)外缘起1.5 m为公路用地。

(2)高填深挖路段，为保证路基稳定，应根据计算结果确定用地范围。

(3)行道树一般应在排水沟或截水沟外侧公路用地范围内种植，有条件种植多行林带的路段，应根据实际情况确定用地范围。

公路用地范围不得修建非路用建筑物，如开挖渠道、埋设管道、电缆、电杆等，如有特殊需要，有关部门应根据公路路线的使用要求，事先与有关交通部门联系协商，以便妥善处理因修建公路所引起的干扰问题。任何单位和个人未经交通主管部门、公路管理机构批准，不得擅自在公路、公路用地范围内设置公路标志以外的标牌、广告牌等其他标志。

四、建筑控制区

(一)建筑控制区的概念

公路两侧建筑控制区(简称建筑控制区)，是指自公路边沟、坡脚护坡道、坡顶截水沟外缘起向外的距离，高速公路和一级公路不小于30 m，国道不小于20 m，省道不小于15 m，县道不小于10 m，乡道不小于5 m的区域。具体用地范围由当地县级以上人民政府确定。焦作市人民政府《焦作市县乡公路养护和路政管理暂行规定》规定，县、乡公路两侧建筑控制区范围由县(市、区)人民政府依法划定，但范围不得低于边沟(截水沟、坡脚护坡道)外缘起15 m。

(二)建筑控制区的管理

公路两侧建筑管理：除公路防护、养护需要外，严禁在建筑控制区内修建建筑物、地面构筑物。

对建筑控制区已有的建筑物、构筑物，按照以下原则处理：凡未经审批而修建的，必须在当地人民政府规定的期限内自行拆除；因历史原因形成的，应根据当地经济发展、公路建设以及交通安全的需要，制订计划，分批迁出；搬迁有困难的，应当制定防护措施进行处理，不得影响公路畅通、公路环境和行车安全。

国土资源、规划建设等部门应当严格控制建筑物、构筑物或工程设施与公路的距离。在公路沿线规划和新建的村镇、开发区，县级以上人民政府及有关部门应当考虑公路环境、行车安全、公路绿化和美化等因素，将建筑物、工程设施或集贸市场控制在公路一侧距离公路 50 m 以外的范围，防止形成公路街道化、市场化。

公路穿越城镇的路段，交通主管部门、公路管理机构和建设部门应当依据法律、法规的规定，共同确定城市道路与公路的界线，按照各自的职责控制公路、街道两侧的建筑物、构筑物和工程设施建设。电力、电信、石油、水利等部门在进行与公路平行设置电力、通信线路、各类管线或修建水利工程设施时，应当在建筑控制区范围以外进行。因受地形限制或者遇特殊原因需进入控制区时，必须先经有管理权的交通主管部门批准后方可实施。

在建筑控制区范围内设置除公路标志以外的标牌的，必须符合交通安全要求。

建筑控制区的管理应当遵循有利于公路发展的远景规划、有利于公路交通环境的绿化美化、有利于行车安全的原则。

第三章　公路养护概述

第一节　公路养护基本任务

公路是重要的基础设施，由于反复承受荷载和自然因素的侵蚀破坏，特别是交通量和重型汽车不断增加，原有公路的使用功能会日渐退化，加上在设计、施工中存在的某些缺陷，难以适应社会各界日益增长的对公路服务质量的要求。因此，加强公路保养、维修和改善有着十分重要的意义。

公路工作的基本方针是”建养并重，协调发展；深化改革，强化管理；提高质量，保障畅通”，农村公路管理部门亦应把现有公路的养护和技术改造作为公路管理的首要任务。

公路养护的目的和基本任务是：

(1)经常保持公路及其设施的完好状态，及时修复损坏部分，保证行车安全、舒适、畅通。

(2)采取正确的技术措施，提高养护工作质量，以延长公路的使用年限。

(3)防治结合，治理公路存在的病害和隐患，逐步提高公路的抗灾能力。

(4)对原有技术标准过低的路段和构造物，以及沿线设施，进行分期改善或增建，逐步提高公路的使用质量和服务水平。

第二节　公路养护工程分类

公路养护按其工程性质、规模大小、技术难易程度分为小修保养、中修、大修和改建四类。

一、小修保养工程

对管养范围内的公路及其工程设施进行预防保养和修补其轻微损坏部分，使之经常保持完好状态。它通常是由养护道班(养护队)在年度小修保养定额经费内，按月(旬)安排计划、日常进行的工作。

二、中修工程

对管养范围内的公路及其工程设施的一般性磨损和局部损坏进行定期的修理和加固的小型工程项目。它通常是由基层公路管理部门按年(季)安排计划并组织实施的工作。

三、大修工程

对管养范围内的公路及其工程设施的较大损坏进行周期性的综合修理，以全面恢复到原设计标准，或在原技术等级范围内进行局部改善和个别增建，以逐步提高公路通行能力的工程项目。它通常是由市(地)公路管理部门单独或在其上级部门的帮助下，根据批准的年度计划和工程预算来组织实施的工作。

四、改建工程

对公路及其工程设施因不适应交通量和载重需要而分期逐段提高技术等级，或通过改善显著提高通行能力的较大工程项目，它通常是由省级公路管理部门或市(地)级公路管理部门根据批准的计划和设计预算来组织实施或招标完成的工作。

除上述分类外，对于当年发生的较大水毁等自然灾害的抢修和修复工程可另列为专项工程办理。对当年不能修复的项目，视其规模大小，列入下年度的中修、大修或改建工程计划内完成。

养护工程分类项目内容，见表 3-1。

表 3-1　养护工程分类

工程项目	保养、小修 内容	保养、小修 单位	保养、小修 工程量	中修 内容	中修 单位	中修 工程量	大修 内容	大修 单位	大修 工程量	改善 内容	改善 单位	改善 工程量
路基	保养： 1. 整理路肩、边坡、修剪路肩草，清除杂物，保持路容整洁；			1. 局部加宽、加高路基或改善个别急弯、陡坡、视距；	km	2 以下	1. 在原路技术等级内整段改善线形；	km	2 以上	整段提高公路技术等级	km	10 以下
	2. 疏通边沟，保持排水系统畅通；			2. 全面修理、接长或个别增建挡土墙、护坡、护坡道、泄水槽及铺砌边沟；	m^3	500 以下	2. 拆除重建或增建较大挡土墙、护坡等防护工程；	m^3	500 以上			
	3. 清除挡土墙、边坡、护栏滋生的杂草、修理伸缩缝、泄水孔及松动石块； 4. 路缘带的修理； 小修：			3. 清除大塌方或一个段内较集中的塌方、处理大面积的翻浆、沉陷；	m^3	1000 以下	3. 大塌方的清除及善后处理	m^3	1000 以上			
	1. 小段开挖边沟、截水沟或铺砌边沟；	m/a·km	100 以下									
	2. 清除零星塌方，填补路基缺口，处理轻微的翻浆沉陷；	m^3/a·km	50 以下	4. 整段开挖边沟、截水沟；	m^3	1000 以上						
	3. 修理挡土墙、护坡、护坡道、泄水槽等局部损坏；	m^3/a·km	5 以下	5. 平交道口的改善；	m^2	1000 以上						
	4. 局部用砂石或稳定材料加固路肩	m^2/a·km	500 以下	6. 整段加固路肩	km	10 以下						

续表 3-1

工程项目	保养、小修			中修			大修			改善		
	内容	单位	工程量	内容	单位	工程量	内容	单位	工程量	内容	单位	工程量
路面	保养： 1. 清除路面泥土、杂物，保持路面整洁； 2. 排除路面积水、积雪、积冰、积砂、铺防滑料、灭尘剂或压实雪维持交通； 3. 砂土路刮平，修理车槽； 4. 碎砾石路面匀扫面砂，加面砂，洒水刮平波浪，修补磨耗层； 5. 处理沥青路面的泛油、拥包、裂缝、松散等； 6. 水泥混凝土路面伸缩缝的正常养护； 7. 路缘石的修理和刷白； 小修： 1. 局部处理砂石路的翻浆变形，添加稳定料； 2. 碎砾石路面修补坑槽，修理磨耗层或扫浆铺砂； 3. 桥头、涵顶跳车的处理； 4. 沥青路面修补坑槽、沉陷，处理波浪、局部网裂、啃边等病害； 5. 水泥混凝土路面面板的局部修理	 $m^2/a·km$ $m^2/a·km$ $m^2/a·km$ $m^2/a·km$ $m^2/a·km$	 200 以下 200 以下 200 以下 100 以下 10 以下	1. 砂石路面处理翻浆和调整横坡； 2. 碎砾石路面局部地段加厚、加宽、调整横坡、加铺磨耗层、保护层，处理严重病害； 3. 沥青路面整段罩面； 4. 沥青路面严重病害的处理； 5. 水泥混凝土路面严重病害的处理； 6. 整段安装、更换路缘石； 7. 水泥混凝土路面接缝材料的整段更换； 8. 桥头搭板或过渡路面的整修	m^2 km	7 000～20 000 5 以下	1. 整段用稳定材料改善土路； 2. 整段加宽、加厚或翻修重铺碎砾石路面； 3. 整修或补强或加宽高级、次高级路面	km	5 以上	1. 整段提高公路技术等级，铺筑高级、次高级路面； 2. 新辅碎砾石路面	km km	10 以下 50 以下

续表 3-1

工程项目	保养、小修			中修			大修			改善		
	内容	单位	工程量	内容	单位	工程量	内容	单位	工程量	内容	单位	工程量
桥梁、涵洞、隧道	保养： 1. 清除污泥、积雪、杂物，保持桥面、隧道内及洞口清洁； 2. 疏通涵管，疏导桥下河槽； 3. 养护伸缩缝，疏通泄水孔，栏杆油漆； 4. 桥涵的日常保养； 小修： 1. 局部修理、更换栏杆和修理泄水孔、伸缩缝、支座和桥面的局部轻微损坏； 2. 修补墩、台及河床铺底和防护圬工的微小损坏； 3. 修理涵洞和进出口的铺砌； 4. 通道局部维修和疏通，修理排水沟； 5. 清除隧道口碎落岩石； 6. 局部修理隧道的圬工接缝和处理渗漏水	道 m^3	2 以下 50 以下	1. 修理、更换木桥的较大损坏构件及防护； 2. 修理、更换中、小桥支座、伸缩缝个别构件； 3. 大、中型钢桥的全面油漆除锈和各部构件的检修； 4. 永久性桥墩、台侧墙及桥面的修理和小桥桥面的加宽； 5. 重建、增建、接长涵洞； 6. 桥梁河床铺底或调治构造物的修复和加固； 7. 通道的修理和加固； 8. 排水设计的更新； 9. 隧道的局部加固与防护； 10. 各类排水泵站的修理	m^3	30 以下	1. 不提高技术等级的大、中型桥梁的加宽、加固、加高； 2. 增改建小型桥梁和技术性简单的中桥； 3. 增改建较大的河床铺底和永久性调治构造物； 4. 通道的改建； 5. 吊桥、斜拉桥的修理与个别索的调整更换； 6. 大桥桥面铺装的更换； 7. 大桥支座、伸缩缝的修理、更换； 8. 隧道的通风和照明、排水设施的大修或更换； 9. 隧道的较大防护、加固工程	m^3	300 以上	1. 提高公路技术等级的加固、加宽、加高大中桥梁； 2. 增改建小型立体交叉桥和 10 km 以内整段改善的大、中桥梁； 3. 增建通道； 4. 新建短隧道	m	250 以下

续表 3-1

工程项目	保养、小修			中修			大修			改善		
	内容	单位	工程量	内容	单位	工程量	内容	单位	工程量	内容	单位	工程量
渡口、码头、浮桥	1. 上船段块石路面修补、勾缝、混凝土路面面层修补，防护工程和栏杆等局部维修；	m^3	200 以下	1. 修理翼墙、板桩、上船段道路水下部分局部严重破坏、位移、严重裂缝、坍塌；	m^3	200～300	1. 修理码头的水下部分、上船段翼墙、板桩坍塌破坏；	m^3	300 以上	增加一个泊位(包括公路接线、引道的)的工程		
	2. 板柱前沿抛石；	m^3	300 以下	2. 防浪堤大面积坍塌修理；	m^3	300～500	2. 防浪堤冲毁修复；	m^3	500 以上			
	3. 防浪堤堤头正常抛石；	m^3	500 以下	3. 停泊区局部严重坍塌修理；	m^3	200～500	3. 停泊区大面积坍塌修理；	m^3	500 以上			
	4. 防浪堤局部整坡、勾缝；	m^2	400 以下	4. 待渡区路段局部维修；	m^2	200～500	4. 待渡区路段加铺、翻修；	m^3	500 以上			
	5. 停泊区正常维修保养；			5. 靠船设施修理、更换个别零部件；			5. 靠船设施更换总成件；					
	6. 待渡区路段的一般维护保养；			6. 码头照明设备部分检修，更换部分设施			6. 码头照明设备全面改造					
	7. 靠船设施除锈、油漆防护；											
	8. 码头区照明设备少量更换灯具、保险、开关等；											
	9. 浮桥的日常养护											

续表 3-1

工程项目	保养、小修			中修			大修			改善		
	内容	单位	工程量	内容	单位	工程量	内容	单位	工程量	内容	单位	工程量
道渡(班)房	保养： 清除下水道、自来水管道堵塞，保持室内整洁 小修： 1.房屋、围墙小损坏的修理； 2.墙壁、地板、门窗等的粉刷、油漆； 3.屋面的部分修理或临时房屋的翻修	按事业费报销手续办	按事业费报销手续办	道(渡)班房的翻建、增建，可列入大、中修工程项目或另列专项工程项目								
绿化	保养： 乔、灌木、花草的管护 小修： 乔、灌木、花草缺株的补值	km	10 以下	开辟苗圃，更新、新植行道树等，单列绿化费用								

续表 3-1

工程项目	保养、小修			中修			大修			改善		
	内容	单位	工程量	内容	单位	工程量	内容	单位	工程量	内容	单位	工程量
沿线设施	保养： 标志牌、里程碑、百米桩、界牌、轮廓标等的埋置维护或定期清洗 小修： 1. 护栏、隔离栅、轮廓标、标志牌、里程碑、界牌、防雪栏栅等的修理、油漆或部分添置更换； 2. 路面标线的局部补划			1. 全线新设或更换永久性标志牌、里程碑、百米桩、轮廓标、界牌等； 2. 护栏、隔离栅、防雪栏栅的全面修理更换； 3. 整段路面标线的划线； 4. 通讯、监控设施的维修	km	10 以下	1. 护栏、隔离栅、防雪栏栅的增设； 2. 通讯、监控设施的更新	km	10 以下	1. 整段增设护栏、隔离栅等； 2. 整段增设通信、监控设施	km	10 以上

续表 3-1

工程项目	保养、小修			中修			大修	改善	
	内容	单位	工程量	内容	单位	工程量	内容	单位	工程量
渡口、渡船	保养： 1. 船体、舱室、管系、消防救生设备、锚机、舵系的检查、修理、除锈、刷漆； 2. 主辅机、电气设备清理、检查、调整和更换易损部件； 3. 排除运转中出现的缺陷、故障； 小修： 1. 船体重点测厚、除锈、油漆； 2. 船体构件修换和船外板局部挖补； 3. 全船上层建筑和主要舱室壁板表面清洗、除锈、油漆； 4. 大翻板钢丝绳全面检查，必要时更换； 5. 主辅机及齿轮箱全部解体检查，更换部分零部件； 6. 舵系、轴系海底阀测量检查，损坏部分原样修复； 7. 推进器测量检修； 8. 发电机、电动机修理检查； 9. 主配电屏、分电箱检修，助航照明设备检查修理或更换部分元器件； 10. 蓄电池更换	%	0.5 以下	1. 船体全面测厚； 2. 船体构件修换和船外板修换； 3. 舷墙板、棚顶及甲板挖补； 4. 翻板构件及小翻板面板部分更换； 5. 各舱室内全面除锈、油漆； 6. 高、中速柴油机的修换工程与小修相同； 7. 吊臂油漆修理，更换铜套栏塞磨、镀； 8. 轴系调校、修理艉轴包复或轴承更换； 9. 舵杆垫修，轴承更换； 10. 螺旋桨测量、修理校正平衡； 11. 电器设备除进行小修工程外，更换部分电缆及设备	% % %	15 以下 10 以下 15 以下	1. 船体构件、外板、舷墙、棚顶及甲板挖、补修换； 2. 跳板、吊架更换； 3. 部分更换机电动力设备，结合技术改造进行更换	%	30 以上

第三节　公路养护安全生产

公路养护生产应贯彻“安全第一”、“预防为主”的方针，防止工程事故、防止职工中毒和职业病的发生，要建立健全安全生产责任制，在进行公路养护作业时要切实做到：

(1)遵守劳动纪律，服从领导和安全检查人员的指挥；操作时思想集中，坚守岗位；未经许可不得从事非本工种作业；严禁酒后作业；不在禁止烟火的地方吸烟动火，严禁在危险处停留。

(2)不准违章指挥和违章作业；公路养护人员对违章指令有权拒绝，并有责任制止他人违章作业。

(3)在公路上作业时，应在作业区两端竖立施工标志、注意危险和锥形交通标志，并设专人进行交通指挥；夜间应配装红灯信号警告；施工路段设置的便道应加强维护；在正线上作业留出的行车道应有足够的安全宽度和会车处。

(4)加强季节性劳动保护工作，防暑、防寒、防冻、防止煤气中毒；雨季和寒流到来之前，应对现场设施和机电设备进行抢修防护；沿河流域工地要做好防洪抢险准备。

(5)遇有道路毁坏中断时，立即设置路障，并报告交通主管部门，登报通告阻、通日期及相应措施。

(6)进行药物、沥青、水泥、石灰等加工作业时，应控制尘、毒浓度不超出有关规定标准，并采取相应的劳动保护措施。

(7)按照作业要求，正确佩戴个人防护用品，高空作业必须系安全带。

(8)现场防护设施和施工安全标志等，应人人保护，不得任意拆除和随意挪动。

第四章　公路养护质量评定

第一节　公路养护质量评定基本规定

目前,公路养护质量评定是依据《公路养护质量检查评定标准》(JTJ075—94)进行的,该标准适用于设有道班养护的一般公路和混合交通的一级、二级汽车专用公路,其他公路可参照执行。该标准有关路面的规定适用于沥青(包括渣油)路面、水泥混凝土路面和砂石路面,考虑到焦作市农村公路管理养护工作实际,本书不对砂石路面进行介绍。

公路养护要达到的总体质量要求是:保持路面整洁、横坡适度、行车舒适;路肩整洁、边坡稳定、排水畅通;构造物、桥涵及隧道完好;沿线设施完善;绿化协调、美观。逐步实施 GBM 工程,力争构成畅、洁、绿、美的公路交通环境。

《公路养护质量检查评定标准》根据上述要求,将公路养护质量分为优、良、次、差四个等级。以优、良等路里程占实际评定的养护里程的百分比即“好路率”作为评定养护质量的主要指标。除此之外,为了综合衡量公路养护质量,还采用“加权平均方法”求得“养护质量综合值”以便比较,其计算公式为:

养护质量综合值=(优等里程×100+良等里程×80+次等里程×50+差等里程×20)÷实际评定的养护里程。

公路养护质量等级的检查和评定是以千米为单位进行的,以里程碑为界,按路面、路基构造物、桥涵隧道、沿线设施、绿化五项养护质量内容分别评分定等。总分定为 100 分,其中路面 50 分;路基构造物 20 分;桥涵隧道、沿线设施、绿化各 10 分。按病害情况在各项目中扣分，然后汇总。

根据实地检查评分结果，在1km范围内，总分在90分以上（含90分，以下同），并且路面在45分以上，路基构造物在15分以上，桥涵隧道、沿线设施、绿化均不低于6分的定为优等路；总分在75分以上，并且路面在38分以上的定为良等路；总分在60分以上的定为次等路；总分不足60分的定为差等路。上述优等路的四个条件中，如有一条达不到要求，即定为良等路；良等路的两个条件中，如有一条达不到要求即定为次等路。

第二节　病害认定

一、沥青路面

沥青路面病害情况包括以下内容：

（1）坑槽：路面破坏成坑洼深度大于2 cm，面积在0.04 m^2 以上的为坑槽。如小面积坑槽较多又相距很近（20 cm以内）的，应合在一起丈量。

（2）松散：路面结合料失去黏结力、集料松动，面积在0.1 m^2 以上。

（3）拥包：路面局部隆起，高度在1.5 cm以上。

（4）翻浆：路面、路基湿软出现弹起、破裂、冒泥浆现象。

（5）沉陷：路面、路基有竖向变形，路面下凹，深度在3 cm以上。

（6）脱皮：路面面层层状脱落，面积在0.1 m^2 以上。

（7）啃边：路面边缘破碎脱落，宽度在10 cm以上，数量为单侧长度累加乘以平均宽度。

（8）泛油：高温季节沥青被挤出，表面形成薄油层，行车出现轮迹。

（9）车辙：路面上沿行车轮迹产生的纵向带状凹槽，深度在1.5 cm以上，数量为实有长度乘以变形部分的平均宽度。

(10)龟裂:缝宽在 3 mm 以上,且多数缝距在 10 cm 以内,面积在 1 m^2 以上的块状不规则裂缝。

(11)网裂:缝宽在 1 mm 以上或缝距在 40 cm 以下,面积在 1 m^2 以上的网状裂缝。路面上出现的长度在 1 m 以上、缝宽在 1 mm 以上的单条裂缝或深度在 5 mm 以上的划痕也纳入网裂病害中,其数量按单缝累计长度乘以 0.2 m 计。

(12)波浪与搓板:路面纵向产生连续起伏,有搓板状峰谷、高差大于 1.5 cm 的变形。

(13)横坡不适:路面横坡小于 1%或大于 3%,或中线偏移,以及应设超高而无超高或出现反超高。

(14)平整度差:用 3 m 直尺沿路面纵向每 100 m 至少量三尺。尺底间隙:沥青表面处治路面 1.2 cm 以上;沥青贯入式路面 1 cm 以上;沥青混凝土及沥青碎石路面 0.8 cm 以上的,按整尺(3 m)长度计算病害。也可用连续式平整度仪检测的均方差值与规定标准值比较,大于标准值者按病害计。同一横断面内只量最严重的一处。

二、水泥混凝土路面

水泥混凝土路面病害情况包括以下内容:

(1)沉陷:路面连续数块板下沉,低于相邻路面板平面(或设计高程)的,深度在 3 cm 以上的,按全部下沉板块数量计算面积。

(2)严重破碎板:裂缝将整块面板分割成三块以上,并有严重剥落或沉陷。碎裂面积小于半块按半块计面积,大于半块按一块计面积。

(3)坑洞:路面板粗集料脱落形成局部凹坑,面积在 0.01 m^2 以上。

(4)板角断裂:裂缝与纵横缝相交将板角切断,当其两个交点距角隅均在 15 cm 以上,小于边长的一半并伴有沉陷或碎裂时,按板角断裂部分计算面积。

(5)露骨:路面板表面细集料散失、粗集料暴露,面积在 1 m^2 以上的。

(6)拱起:纵向相邻两块板或多块板相对其邻近面板向上突起在3 cm以上的,按突出的全部板块计病害面积。

(7)平整度差:用3 m直尺沿路面纵向每100 m至少量三尺,尺底空隙在8 mm以上的,按整尺(3 m)长度计算病害。也可用连续式平整度仪检测的均方差值与规定标准值比较,大于标准值者按病害计。同一横断面内只量最严重的一处。

(8)错台:接缝处相邻两块板垂直高度差在8 mm以上,按有高差的全部长度计算病害。

(9)唧泥:基层材料形成泥浆从接缝处或板边缘挤出,板底出现脱空,按挤出泥浆的接缝或板边长度计。

(10)裂缝:面板内长度在1 m以上的各种开裂。按其对行车的影响程度分为轻微、中等、严重裂缝三种。轻微裂缝:缝宽小于2 mm,无剥落;中等裂缝:缝宽在2～5 mm之间,并有轻度剥落;严重裂缝:缝宽大于5 mm,并有严重剥落和沉陷。接缝边有长0.5 m,宽度在5 cm以上的剥落时,也作为严重裂缝计算。

(11)接缝养护差:接缝内无填缝料,或出现填缝料与板边脱离、凹陷(凸出)在1 cm以上的。

三、路基构造物

路基构造物病害情况包括以下内容:

(1)路肩不清洁:路肩上有杂物、垃圾、堆积物及15 cm以上的高草。

(2)路肩不整齐:路肩与路面衔接不平顺,低于路面在2 cm以上(黑色硬化路肩低于1 cm)或高于路面;横坡小于路面横坡;不平整、不密实影响横向排水;路肩宽度小于设计宽度;路肩外缘不平顺,宽度差在20 cm以上者。

(3)水沟淤塞:边沟、截水沟、排水沟有淤积影响排水者,以及应有边沟路段而无边沟路段者。

(4)边坡坍塌：挖方边坡塌方在 3 m^3 以上；填方边坡有冲沟、缺口宽在 30 cm 以上；边坡坡度陡于设计坡度。

(5)构造物损坏：挡墙等圬工体断裂、沉陷、倾斜、局部塌陷、松动，出现较大面积勾缝脱落。

四、桥涵、隧道

桥涵、隧道病害情况包括以下内容：

(1)桥头(涵顶)跳车：桥梁、过水路面衔接处不平及涵洞顶纵坡不适；桥梁伸缩缝养护不良引起行车颠簸者，每跳车一次记病害一处。

(2)桥涵排水不良：桥面不整洁、泄水孔堵塞，影响桥面排水；涵洞(管)淤塞超过孔径 1/4。

(3)构部件破损：人行道、栏杆、帽石、锥坡、端墙、墩台有缺件、断裂、破损及露筋等；伸缩缝、支座被杂物卡住或出现松动、锈蚀、老化现象。

(4)隧道损坏：有衬砌隧道拱圈、侧墙变形、裂缝，砌体脱落；无衬砌隧道出现危石或大量碎落石；洞身较大范围渗漏水；洞口端墙、翼墙倾斜、移位；隧道内排水系统淤塞积水以及应有照明、通风设备而未设或已设但效果较差。

五、沿线设施

沿线设施病害情况包括以下内容：

(1)标志缺损：各种交通标志残缺、位置不当，式样、尺寸、颜色不规范、不鲜明。

(2)安全设施损坏：护栏、隔离栅、隔离墩等安全设施有残缺。

(3)标线不完整：二级和二级以上公路路面，按现行公路养护技术规范要求，应标线而未标线或已标线但有脱落、不清晰或未按标准标划的。

六、绿化

公路绿化病害情况包括以下内容：

(1)空白路段：宜绿化路段一侧连续未绿化长度在 20 m 以上。

(2)管理养护不善：路树、花草修剪不整齐或修剪过度，抚育不良；病虫害未及时防治；路树影响行车视线。按其是否影响绿化植物的继续生长分为一般、严重两类。

第三节　分项计分标准

一、路面

满分 50 分。为客观反映路面病害程度，并具有可比性，将路面病害归纳为按面积计算和按长度计算两类。

(1)按面积计算的病害，其每一处的数量，应沿有病害待修补的边缘丈量，以长乘宽求出面积，并按实际量测的各类病害面积分别乘以其相应的换算系数，换算为折算面积，然后按折算面积之和占该千米公路理论面积的百分比即病害含量 Y_1 扣分。各类病害相对应的换算系数，见表 4-1。

(2)按长度计算的病害，沿病害实际长度丈量，沥青路面按其实有病害数量之和扣分；水泥混凝土路面按实际量测的各类病害长度分别乘以其相应的换算系数(见表 4-1)，换算为折算长度，然后按折算长度之和占该千米公路理论长度的百分比即病害含量 Y_2 扣分。

表 4-1 路面病害换算系数

沥青路面		水泥混凝土路面		
病害名称	系数	病害名称		系数
坑 槽	3	沉 陷		3
翻 浆	3	拱 起		3
沉 陷	2	严重破碎板		2
拥 包	1.5	坑 洞		2
松 散	1	板角断裂		2
龟 裂	1	露 骨		1
车 辙	0.5	平整度差		2
脱 皮	0.5	错 台		2
啃 边	0.5	唧 泥		1
泛油	0.2	裂缝	严重	2
网裂	0.1		中等	1
			轻微	0.5
		接缝养护差		0.5

沥青路面扣分标准见表 4-2，沥青路面病害有按面积计算和按长度计算两类。

表 4-2 沥青路面扣分标准

扣分数（分）	病害名称		
	坑槽、翻浆、沉陷、拥包、松散、龟裂、车辙、脱皮、啃边、泛油、网裂（%）	波浪（搓板）、平整度差（m）	横坡不适（m）
1	$Y_1 \leqslant 0.1$	50 以下	
2	$0.1 < Y_1 \leqslant 0.2$	50～100	
3	$0.2 < Y_1 \leqslant 0.3$	100～150	
4	$0.3 < Y_1 \leqslant 0.4$	150～200	
5	$0.4 < Y_1 \leqslant 0.5$	200～250	
最高扣分	余类推	余类推	
最高扣分	30	18	2

水泥混凝土路面扣分标准见表 4-3,水泥混凝土路面病害有按长度计算和按面积计算两类。

表 4-3　水泥混凝土路面扣分标准

扣分数(分)	病害名称	
	沉陷、拱起、严重破碎板、坑洞、板角断裂、露骨(%)	平整度差、错台、唧泥、裂缝(严重、中等、轻微)、接缝养护差(%)
1	$Y_1 \leqslant 0.2$	$Y_2 \leqslant 1$
2	$0.2 < Y_1 \leqslant 0.4$	$1 < Y_2 \leqslant 2$
3	$0.4 < Y_1 \leqslant 0.6$	$2 < Y_2 \leqslant 3$
4	$0.6 < Y_1 \leqslant 0.8$	$3 < Y_2 \leqslant 4$
5	$0.8 < Y_1 \leqslant 1$	$4 < Y_2 \leqslant 5$
	余类推	余类推
最高扣分	30	20

二、路基构造物

路基构造物满分 20 分。如存在病害,根据分项病害数量按表 4-4 扣分。路基构造物病害有按长度和处数计算两类。同一路段路基两侧同时存在病害时,应分别记录并按两侧病害数量累计扣分。

表 4-4　路基构造物扣分标准

扣分数(分)	病害名称		
	路肩不清洁、路肩不整齐、水沟淤塞(m)	边坡坍塌(处)	构造物损坏(m)
1	50 以下	1～2	10 以下
2	50～100	3～4	10～20
3	100～150	5～6	20～30
	余类推	—	余类推
最高扣分	12	3	5

三、桥涵隧道

满分 10 分。如存在病害，根据分项病害数量按表 4-5 扣分。桥涵隧道病害以处数计。

表 4-5　桥涵、隧道扣分标准

扣分数(分)	病害名称	
	桥头(涵顶)跳车(处)	桥涵排水不良、构部件破损、隧道损坏(处)
1	1	1
2	2	2
3	3	3
	余类推	—
最高扣分	4	6

四、沿线设施

满分 10 分。如存在病害或缺陷，根据分项病害或缺陷数量按表 4-6 扣分。沿线设施系指除道班房、交调站、通信设施以外的标志、标线等附属设施，病害以处(根)、处数及长度计。

表 4-6　沿线设施扣分标准

扣分数(分)	病害名称		
	标志缺损(处或根)	安全设施损坏(处)	标线不完整(m)
1	1～2	1	200 以下
2	3～4	2	大于 200
3	5～6	3	—
	余类推	余类推	—
最高扣分	4	4	2

五、绿化

满分 10 分。如存在病害或缺陷，根据分项病害或缺陷数量按表 4-7 扣分。公路用地范围以内按现行公路养护技术规范要求已种有整齐乔木(胸径在 3 cm 以上，高度在 2 cm 以上)、灌木、花卉或有整齐草皮覆盖者，均视为已绿化；否则视为未绿化，绿化病害以长度计。

表 4-7　绿化扣分标准

扣分数(分)	病害名称		
	空白路段(m)	管理养护不善(m)	
		一般	严重
1	20～50	200 以下	—
2	50～100	大于 200	200 以下
3	100～150	—	大于 200
4	150～200	—	—
	余类推	—	—
最高扣分	7	3	

第四节　养护质量评定注意事项

公路养护质量评定注意事项如下：

(1)养护质量的检查定于每月月末前五日内进行一次，一般应由基层公路管理部门组织各道班(养护队)共同检查评定，也可以道班(养护队)为单位分别检查评定，但每季末须由基层公路管理机构统一组织检查评定，每半年须由市级公路管理部门组织一次抽查，省级公路管理部门每年至少应组织一次全面检查。

(2)为基层编制养路作业计划的需要，检查时应按百米记录病害数量，再按整千米累计。算出各项分数及总分数，据此评定每千米的养护质量等级，然后分路线汇总优、良、次、差里程及“好路率”逐级上报。

(3)对非整千米路段，除依据病害含量扣分的部分路面病害仍按实有病害含量扣分外，其他病害可先按路段实际长度累计病害数量，然后用折算数即1/实际长度（保留2位小数）乘以各种病害累计数得该路段各种病害换算系数（保留整数）扣分，并以此扣分来评定该路段养护质量等级。

(4)养护质量检查评定中，在同一检查部分（路面、路基等五部分）的同一处有两种以上病害时，以最严重的一种病害数量扣分。

(5)当公路因洪水、流冰、泥石流、冻害、沙害、飓风等自然灾害而遭到损毁时，为反映真实情况，应如实按标准评定等级，并予以注明。由于施工而开辟的便桥、便道及利用原路进行改建、改善、大修的路段，施工期间原路可暂不评定。路面因冰雪封冻等导致当月不能进行养护质量评定时，可按上月末路况汇总上报并予以说明。

(6)在某1km内，如设计上不应有水沟、构造物、桥涵、隧道或属于不宜植树地区和不宜成林路段而形成缺项，以及桥梁、隧道、渡口路段其他项目缺项时，该缺项项目可按满分计列。

(7)养护质量检查中，已统计在养护里程内的桥梁、隧道，当其长度不超过1 km时，该千米养护质量按桥梁、隧道实得分和其两端道路的其他项目实得分之和评定；当桥梁、隧道长度超过1 km时，该千米养护质量按桥梁、隧道项日实得分与其他项目满分之和评定。

公路桥梁、隧道除分别按桥梁、隧道项目检查外，其行车道部分还应按路面状况进行检查。

(8)公路渡口如河宽已统计在公路养护里程之内，其质量等级可按两端引道部分的平均分数计算。

(9)公路路面为快慢车分道行驶的路段，应将其全部快慢车道宽作为路面进行评定；公路路面为不同路面形式的，应将各自所占面积按相应标准检查计分，然后汇总各部分扣分作为该千米路面扣分。

(10)硬化路肩上出现病害时，按路肩不整齐扣分。

(11)公路两侧的绿化平台和护坡道、碎落台等纳入路基边坡部分进行检查。

第五章　路基养护

第一节　路基养护工作内容和要求

一、路基养护工作内容

(1)维修、加固路肩和边坡。

(2)对边沟、截水沟、排水沟及暗沟(管)等排水设施,应及时排除堵塞、保持水流畅通,同时考虑铺砌加固。

(3)维护、修理各种防护构造物及透水路堤,对护坡、护面墙、石笼、植树、铺草皮、丁坝、顺坝及挡土墙等防护构造物,应保证完整无损。

(4)观察并预防滑坡、翻浆、泥石流、崩塌、塌方及其他病害,加强对水毁的预防与处理。

(5)有计划、有针对性地对局部路基进行加宽、加高,改善急弯、陡坡和视距不良路段,保证道路行车的安全。

二、路基养护要求

路基养护要求见表5-1。

表5-1　路基养护要求

项目	养护工作基本要求	备注
路肩	①横坡适度,边缘顺直,与路面接茬平顺; ②表面平整、密实、清洁、无杂物; ③保持无车辙、坑洼、隆起、沉陷及缺口	
边坡	①边坡稳定; ②平顺无冲沟、松散; ③坡度合乎设计规定,陡于1:1的,必须采取措施处理	

续表 5-1

项 目	养护工作基本要求	备 注
排水系统	①保持无高草、无淤塞； ②纵坡适度，水流畅通； ③进出口结构完好	包括边沟、截水沟、排水沟及暗沟等
防护构造物	①保持构造物完整无损； ②砌体伸缩缝填料良好； ③泄水孔无堵塞	包括挡墙护坡及防冲刷、防雪、防沙设施等
路基病害	①对翻浆路段，应及时治理，并尽快修复； ②对塌方、滑坡、泥石流、沉陷等，做好防护、抢修、清理工作； ③尽量缩短阻车时间	

第二节　路基养护注意事项

一、路肩和边坡养护

(1)路肩横坡应平整顺适，硬路肩横坡坡度应与路面坡度相同，土路肩、草皮路肩横坡坡度应比路面坡度高 1%～2%，3.5 m 路面路肩宽度最小为 1 m。

(2)路肩上除堆料台外禁止堆放任何杂物和种植农作物。禁止在桥头引道、弯道内侧和陡坡等处设置堆料台。

对于养护工程所需的砂石料，确因用地困难而必须堆放在路肩上时，应做到两边不同时堆放，且料堆内边距路面边缘不小于 30 cm，料堆长度不大于 10 m，每相邻堆料之间的距离不小于 1 m。

(3)路肩应平整坚实，对出现的坑槽、车辙应及时修补。铲除的杂物不得堆放在边沟内或边坡上。铲削路肩宜在雨后土质湿润的状态下，结合边沟清理及边坡修理一并进行。

(4)硬路肩产生的病害可参照同类型路面的方法进行治理。

(5)保持边坡稳定和原有坡度,不得在边坡上随意挖土、锄草和放牧,更不能在坡脚处挖坑取土。

(6)路堤边坡如有坍塌,应自下而上挖成台阶,再分层填土夯实,宽度应稍超过原来坡面,不得在边坡上贴土补修。

(7)路堑边坡出现裂缝时,可用黏性土填塞捣实,以防表层水渗入路基体内。如出现潜流涌水,可采取开沟隔断水源,将潜水引向路基外排出。

(8)路肩、边坡上的草可对其起到保护作用,但路肩上草高不得超过 15 cm,边坡上草高不宜超过 20 cm。要随时清除草丛中积存的垃圾杂物。可选用种草、栽灌木丛、铺柴束、篱格填石、投放石笼、干砌或浆砌片石护坡等措施对边坡进行加固。

(9)对路堑应经常观察其边坡稳定情况。如发现有危岩、浮石等,及时处理、清除,避免危及行车、行人安全及堵塞边沟,影响排水。

(10)禁止用垃圾土、淤泥土、含草根土等不适宜的土培路肩和边坡,大量用土填筑时,必须分层填筑,充分压实。

二、路基排水设施养护

路基排水设施分地面排水设施和地下排水设施。地面排水设施一般包括:边沟、截水沟、排水沟、跌水、急流槽、倒虹吸管、渡槽等;地下排水设施主要包括:暗沟、渗沟等。这里仅介绍地面排水设施养护。

地面排水设施构造形式如表 5-2 所示。

当边沟纵坡坡度大于 3%～4%时,沟底应用片石铺砌加固;凡是路线通过乡镇的,边沟宜尽量用片石砌筑加固或采用预制钢筋混凝土沟。

对各种排水设施,在春融前,特别是汛前,应进行全面检查疏通。雨天必须上路巡查,及时排除堵塞,疏导水流;暴雨前后重点检查排水设施,及时维修,保持其完整无损;对于排水设施短缺或不能满足需要的路段,应根据实际需要尽快增设或改善。

表 5-2　地面排水设施形式要求一览表

名称	构造、形式及主要尺寸
边沟	①形式:一般为梯形,底宽不应小于 0.3 m,一般深不小于 0.3 m; ②纵坡坡度:纵坡坡度不小于 0.5%～0.3%; ③边沟长度:一般边沟长不大于 500 m
截水沟(天沟)	①形式:一般采用梯形,底宽和深不宜小于 0.5 m; ②纵坡坡度及长度:纵坡坡度不应小于 0.5%,沟长不宜超过 500 m; ③加固与排水处理:截水沟要适当加固,尤其是较松土层,以防渗水及冲刷
排水沟	①形式:一般采用梯形,边坡坡度为 1:1.0～1:1.5,深度和宽度不宜小于 0.5 m; ②纵坡坡度及长度:沟底纵坡坡度应不小于 0.5%,在特殊情况下可减至 0.2%;排水沟的长度不宜超过 500 m,与各种水沟联接应力求水量平衡
跌水及急流槽	①跌水构造:可分为进水口、台阶和出水口三个部分,台阶高一般为 0.3～0.6 m,台阶纵坡坡度为 2%～3%; ②急流槽构造:可分为进水口、槽身(包括消力池)和出水口三部分,急流槽过长时应分段修筑,每隔 2.5～5.0 m 设置凸榫嵌入基底土中,榫高一般为 0.3～0.5 m,榫宽按实际而定; ③跌水及急流槽底板厚度:一般为 0.2～0.4 m; ④边墙顶面宽度:浆砌片石为 0.3～0.4 m,混凝土一般为 0.2～0.4 m

三、防护工程养护

(一)挡土墙的养护和修理

(1)挡土墙除通常检查外,每年还应在春秋两季各进行一次定期检查。另外在反常气候、地震或重车通过等异常情况发生后,应进行特种检查,发现裂缝、断缝、倾斜、鼓肚、滑动、下沉或表面风化,泄水孔不通,墙后积水,周围地基错台或空隙等情况时,应查明原因并观察其发展情况,采取合理的修理加固措施。

(2)圬工或混凝土挡土墙的裂缝、断缝如已停止发展,应立即进行修理、加固。其方法是:将裂缝缝隙凿毛,用水泥砂浆填塞。对混凝土挡土墙可采用环氧树脂黏结。

(3)挡土墙的泄水孔,应保持畅通。如有堵塞,应加以疏通。如疏通困难,应针对地下水情况增设泄水孔,或加做墙后排水设施,严防墙后积水引起土压力增加,挤倒、挤裂墙身。墙后回填土必须分层夯实。

(4)挡土墙表面如出现风化剥落,应将风化表层铲除,喷涂水泥砂浆保护层。

(二)护岸的养护和修理

(1)护岸的设施,应在洪水期前后,观察并检查其作用和效果是否完整稳固,出现损坏应及时修理。

(2)当护岸受到洪水冲刷与波浪漂浮物等冲击损坏时,应采用抛石加固。石料需坚硬,每块尺寸(边距或直径)不得小于 30 cm。其方法是堆成 1∶1～1∶2 的坡度,抛石体厚度应不小于石块尺寸的 2 倍。

(三)护栏的养护和修理

(1)在高填土路基或依山傍水的危险路段上,设有护栏,以引起车辆、行人的注意,防止交通事故发生。护栏由木材、石料、水泥、钢筋混凝土等材料制成,有分柱式和墙式护栏两种。

(2)经常保持护栏颜色鲜明,对护桩和护栏的立柱,应按规定涂上红白相间两种颜色。埋设护栏的地方,不种植矮林、高草,不堆养路材料。

(3)定期检查护栏是否腐朽、损坏、歪斜或倒下,是否被水冲走或被积雪埋没,并根据实际情况,及时修理或更换。

(4)砖石护栏的灰缝脱落或灰石剥落,应及时修补。护栏墙身如出现裂缝或变形歪斜,应查明原因,进行修理。

第三节 路基主要病害与防治

路基常见病害有:路基的沉陷、翻浆、路基边坡的坍方、滑坡、泥石流等。

一、路基的沉陷

防治方法如下:

(1)选用良好的填料,分层填筑并夯实,严禁用腐殖土或有草根的土块填筑路基。

(2)填石路基从下而上,用由大到小的石块认真填筑,并用石渣或石屑填充空隙。

(3)路基高度较低(如小于2~4 m)且可中断行车时,应挖换砂砾等水稳性好的材料,按原高度填平夯实;路基高度较高(路堤高大于9 m)且不能中断行车时,可采用打砂桩、混凝土桩或松木桩等方法处理。

二、路基翻浆

防治方法如下:

(1)挖换土壤。把翻浆路段上的土挖出来,换填40~60 cm的砂性土,压实后重铺路面,此法适用于翻浆较严重的路段。

(2)换铺粒料。把翻浆路段上的稀泥挖除,填以碎石、砂砾等,表面整平后直接通车,或在下面填一层水稳性较好的干土,再铺上粒料,垫平后通车。

(3)石灰处理。在翻浆的土路上撒铺适量的石灰,并用木棍捣夯形成灰土路,以提高路基水稳性;或在翻浆严重的路段加铺20~25 cm的石灰土,石灰剂量为6%~8%(质量比)。

(4)提高路基高度。根据实际情况加高路基,保证路基处于干燥状态。此法适用于平原区的土路和其他地区取土较容易的路段。

(5)不透水隔离层。用沥青结合料处理的土做成厚 2～3 cm 的不透水隔离层(用油毛毡则为 2～3 层),或用不易老化的特殊塑料薄膜在路基全宽上做成贯通式,或只做成距路面边缘 50～60 cm 处的不贯通式。

(6)增设排水设施。设置盲沟,降低地下水位,使路基保持干燥。

三、路基边坡的坍方

一般可分为:剥落、碎落、滑坍和崩塌等形式。其防治方法如下:

(1)排水畅通,不使地面水或地下水侵蚀路基。

(2)加固边坡,如种草、铺草皮或植树。

(3)整修边坡,及时清除可能滑坍的土石方。

(4)在坡脚修建挡土墙,对滑坡体起支撑作用。

四、泥石流

泥石流的防治方法:

(1)对流泥、流石的山坡来说,在春秋两季,应大量进行植树造林、铺植草皮。

(2)在泥石流形成区的上侧修筑截水沟、排水沟,把水引出去,以减小或消除洪水冲击。

(3)在泥石流形成区,采用平整山坡、填实沟缝、修筑梯阶、土埂和支撑挡墙、加固沟头和沟底等方法,控制水土流失,防止滑坡发展。

(4)对于小量的泥石流而言,可在路肩外缘修建拦渣挡墙,并在每次雨后及时清除淤积的泥石。

(5)泥石流形成区的地质、地形条件较好时,可分级修建砌石或混凝土拦渣坝。

五、滑坡

滑坡的防治方法:

(1)做好排水,不使地面水或地下水侵蚀滑坡体。

(2)及时挖除可能滑塌的土石方。
(3)在坡脚修建挡土墙。
(4)滑坡体上用锚杆锚固。

第六章　沥青路面养护

第一节　沥青路面特点

在矿质材料中，采用各种方式掺入沥青材料（石油沥青、煤沥青、改性沥青）组成混合料修筑而成的各种类型路面，统称为沥青路面。它适用于各种交通量的道路。沥青路面由于使用黏结力较强的沥青材料作结合料，因而大大增强了矿料之间的黏聚力，提高了混合料的强度和稳定性，延长了路面的使用年限。沥青路面具有表面平整、不渗水、行车舒适、噪声小及养护方便等优点，它的缺点是易受履带车辆和尖硬物体作用而损坏，表面易被磨光，影响行车安全。沥青路面受外界气温影响较明显，夏季松软而冬季较脆，它的施工受季节和气候影响较大，在低温季节和雨季，除乳化沥青外，一般不能施工。

沥青路面的基层，必须符合下列要求：

一、沥青路面的基层

沥青路面的基层，必须符合下列要求：

（1）具有足够的强度和适宜刚度。基层应能承受车轮荷载作用，在行车荷载反复作用下，不应超过允许的残余变形，也不允许产生剪切和弯拉破坏。因此，基层应具有必要的强度，强度包括矿料颗粒本身强度和结构的整体强度。

（2）具有良好的水稳性。沥青面层，特别是表面处治和贯入式，在使用初期，透水性较大，雨季时表面水有可能透过沥青面层进入基层和底基层中，导致基层材料含水量增加及强度降低。因此，必须用水稳性好的材料作基层，在潮湿多雨地区尤需注意这一点。

(3)表面平整,拱度与面层一致。

(4)与面层结合良好。基层与面层结合良好,可减少面层底部的拉应力和拉应变,防止两层发生滑动、推移等破坏。

(5)干燥收缩和温度收缩变形较小。

二、行车及自然因素对路面的作用

路面是在路基上用强度较高的筑路材料铺筑的供汽车行驶的结构层,是公路功能体现的最直接部件,行车及自然因素对路面的作用,作为公路管理养护人员都必须有明确认识。

(一)行车对路面的作用

汽车对路面的作用力与汽车的运动状态有关,一般情况下,汽车对路面作用力主要有下列三种:

(1)垂直力:在垂直力作用下路面产生垂直变形,使路面结构层产生弯曲变形。当路面整体强度不足时,路面将产生断裂;而当结构层抗弯、抗拉强度不足时,底部会被拉裂。

(2)水平力:水平力作用引起的路面变形,如磨损、抗剪强度(材料黏结力或层间结合力)不足时的材料松动、推移等,集中发生在表层。要想消除它对路面的破坏作用,不能单靠增加路面厚度的方法,而必须提高材料的抗剪强度。

(3)振动力:其大小取决于汽车构造性能(发动机和悬挂系统的减振性能等),同时也取决于路面类型、表面状况和行车速度等。它以振动、冲击力作用于路面,便加速了材料松动,加剧了变形的扩大。

以上是路面受一次行车作用的情况。实际上公路上行驶的车辆很多,这样路面上某定点就会受多次加荷、卸荷的反复作用,这种反复作用力称为重复荷载。路面在汽车重复荷载作用下,其材料的破坏强度要比一次荷载的破坏强度高很多。因此,在设计确定路面强度时,必须考虑汽车重复荷载的作用。

(二)自然因素对路面的影响

路面是暴露于野外的结构层,直接受各种自然因素的影响。影响路面强度和稳定性的自然因素主要有水、温度和日光，它们对路面的影响可概括如下：

(1)水的影响：水是影响路面强度和稳定性的自然因素中最主要的因素。水包括降水(雨、雪、冰)、地表水和地下水。路面积水，表面水膜会降低路面摩阻系数而影响行车速度；路面积雪、结冰，会导致路面摩阻系数大大降低而危及行车安全，除需降速行驶外还必须采取各种防滑措施。对中、低级路面，积水或渗水将直接影响路面的强度和稳定性，甚至出现泥泞、坑槽、车辙、翻浆以致中断交通。水分过少，对中、低级路面，则易产生扬尘、露骨、松散，形成坑槽。

(2)温度的影响：高温会使沥青材料呈塑性，在高温下易发软、泛油等。低温会使沥青材料呈脆性，在低温下沥青路面易形成裂纹、裂缝。季冻地区，路面路基可能产生不均匀冻胀或冻裂。入冬前后，负温、水、土的共同作用使土基水分积聚，待春融时由于路基产生翻浆，从而导致路面破坏。温度急剧变化，可能使水泥混凝土路面温差应力过大而破裂。

(3)日光的影响：日光的照射，除与温度影响一致外，它还可促使沥青材料的老化，影响沥青路面的使用期限。

总之，水、温度和日光对路面的影响是复杂的。它们的综合作用，加上土质、地质等因素的影响，情况就更为复杂。我们应当认识并掌握行车和各种自然因素对路面的作用规律，针对具体情况采取适当措施来减少它们的影响，控制或消除其破坏作用。

第二节　初期养护和日常养护

沥青路面的质量，主要取决于设计和施工，但养护工作对保证和改善路面质量也很重要，如果养护得好，就可以延长路面使用年限；若养护跟不上，将会加速路面损坏。沥青路面养护分为初期养护和日常养护。

一、沥青路面养护的主要作用

(1)初期养护:沥青路面铺筑后,必须利用行车碾压,并撒铺初期养护料,在适宜的气温条件下,使沥青在矿料颗粒间再均匀分布,并使矿料嵌挤紧密,形成稳定、密实、平整、不透水的油层,即达到“成型”。

(2)日常养护:要经常检查,发现病害,及时处治,防止病害扩大,保证车辆畅通无阻。

二、沥青路面初期养护方法

(1)控制行车碾压。在进行初期养护的路面两端起止点以外,设立限速标志,并要设专人控制,要求“先慢、后快”,即在刚开放行车碾压时,时速控制在 15 km 以下,根据表面成型情况,逐步提高到25 km,并随时扫匀矿料。在路面上每隔 50 m 设一临时标志。按先边后中的原则控制行车移辙碾压。特别是贯入式路面初期养护时,对行车限速必须严格控制,否则嵌缝料容易飞散,有损面层质量。通过行车在适当气温下的自然碾压,路面会全幅均匀泛油,压实成型。

(2)保持路面清洁。经常清除路面上的树叶、杂草、石子、污泥等,以免影响路面的质量。

(3)撒初期养护料。在路面全面泛油后,随即撒铺初期养护料,每平方千米撒 2~5 mm 厚石屑或坚硬粗砂 3~5 m^3。撒料时应注意:应顺行车方向少撒、勤撒、撒薄、撒匀,严防横向撒料和撒料不均匀;要在当天气温最高时撒料,同时控制行车碾压。

(4)随时检查平整度。在初期养护期间应随时用 3 m 直尺查找暴露出来的坑凹,及时撒沥青、矿料找平,或用沥青砂、沥青石屑等混合料垫平,以提高路面平整度。

(5)及时处治各种病害。

三、沥青路面的日常养护

(1)掌握路面的修建历史和有关技术资料,建立养护档案。

(2)坚持全面养护,对路面、路基、边沟、边坡、有关构造物及附属设备要经常养护,不可单纯注意路面。

(3)经常保持路面表面清洁干净,及时扫除路面上的尘土、泥污等杂物,应特别注意消除石块、硬物等。

(4)对各种病害,要做好观察记录,注意发现病害的苗头,认真分析产生原因,力争消灭病害于萌芽状态;对出现的病害,要及时做针对性的修复,以免扩展,造成“小洞不补,大洞吃苦”的后果。

(5)要因时制宜进行养护。针对不同季节,采取不同的养护方法:①在旱季,因晴天多,雨水少,宜开挖路槽、处理病害,并注意在雨季到来之前,封补面层裂缝,同时要抓紧时间,备好养护材料。②在雨季,应以整治路肩排水导流为主,路肩不要高出路面,并保持稍大于路面的横坡度,以利路面及时排水。注意整治排水系统,清理边沟、截水沟等使之保持畅通。③在夏季,因气温高,养护工作的重点是适时地处理泛油、拥包、波浪等病害,以及进行中修等工作。④在冬季,因气温低,时有雨雪,影响路面正常使用,必须加强养护,应及时扫除路面积雪及冰块。有条件的,可使用机动扫雪车,效果更好;在纵坡较大路段,应撒砂防滑,应尽可能采用热拌热铺混合料修补坑槽,并用细砂填缝,也可暂时用碎石加黏土拌和修补坑洞,待温度适合时,再调换沥青混合料修补。

(6)注意公路绿化。绿化对延长沥青路的寿命和提高使用质量具有积极作用,应利用有利季节做好育苗、栽培和维护行道树的工作。

第三节　沥青路面病害处理

沥青路面由于设计、施工方面的缺陷,尤其在不利的水文、气候、行车等条件下,常会发生泛油、裂缝、坑槽、啃边、沉陷、脱皮、拥包、翻浆等病害,对这些病害应及时进行处理。

一、泛油

新建沥青路面,当气温上升到30 ℃以上时,往往开始泛油,随气温继续上升,泛油情况加剧。泛油时,路面中间部分颜色先变黑,继而出现轮迹,路面上浮起液化了的油层。泛起的油液向路面两边迁移,形成软的拥包。如果油层与基层黏结不良,油层会被车轮粘起,造成坑槽等病害。

(一)泛油原因

(1)油石比过大是形成泛油的主要原因。这是因为:①在施工中未能严格控制用油量,用油偏多,施工中矿料用量不足,油石比偏大;②施工中片面追求路面光润,不适当地采用沥青罩面,或使用过量透层油、粘层油;③低温施工,为便于操作和封住面层加大用油量,造成来年泛油;④施工时采用层铺法,在路面成型时,未严格控制行车速度,使嵌缝料散失,相对增大了油石比。

(2)矿料规格、质量不符合要求,矿料强度不够,施工碾压过度,矿料被压碎,或矿料含土量过大,在表、处层下形成隔层,也易引起泛油。

(二)泛油的处治

对泛油的处治,应根据泛油程度不同,选择不同的方法和矿料进行处治。

(1)对轻度泛油,可撒2~5 mm的石屑,通过行车碾压至不粘轮为止。

(2)对泛油较严重地段,根据情况可先撒5~8 mm或5~10 mm的矿料,待稳定后,再撒2~5 mm的石屑或粗砂,引导行车碾压成型。

(3)对泛油很严重地段,先撒一层10~15 mm或更粗的矿料,用压路机强行压入达到基本稳定后,再分次撒5~10 mm的矿料,引导行车碾压成型。

(4)处治泛油,必须掌握先撒粗矿料,后撒细矿料的原则;每次要少撒、撒均匀,要避免重复使用细料,以免形成软的油石层影响路面的稳定;不能泛一点油,撒一点料,以免影响路面的平整。

二、裂缝、网裂、龟裂

裂缝、网裂、龟裂多在低温季节出现,随气温下降而逐渐扩大。轻微的裂缝、网裂,当气温上升,油料未老化的能自行愈合。

(一)产生裂缝、网裂、龟裂的主要原因

(1)土基和路面基层,由于温度变化、冬季冰冻产生的冻胀,导致路基和基层裂缝,使面层出现网裂和龟裂。

(2)在水文条件不利的情况下,路面基层和土基的水稳性差,含水量逐年增加,强度减少,面层出现网裂,并逐渐扩大为龟裂,尤其是在春融季节更为严重,可能出现翻浆,使面层大面积损坏。

(3)土基和基层不密实,路面整体强度不够会引起不规则的网裂和龟裂。

(4)沥青质量差或材料老化变质,黏结力降低,延性差,也会引起裂缝和龟裂。

(二)裂缝、网裂、龟裂应根据不同原因,采取不同的处治方法

(1)对于由于土基和基层冻裂而引起的面层的纵、横裂缝及裂缝稳定不再继续扩大,如缝宽在 6 mm 以内的,应剔除缝内尘土杂物,将预热好的稠度较低的沥青灌入缝内,再用刮子将缝口刮平或用烙铁烫平,随即撒一层薄砂并扫匀;对缝宽大于 6 mm 的,先把裂缝内处理干净后,可用拌好的沥青砂或细粒式沥青混合料填入缝中捣实,再用烙铁烫平缝口,随即撒一层砂并扫匀。

(2)对于由于土基和基层水稳性差出现的龟裂,可采取补强设计,加铺面层;对于龟裂的地段,首先按调查的水文地质资料进行设计,全部挖除损坏路段,然后再处治土基和基层,重铺面层。

(3)对于由于土基或基层强度不够所引起的龟裂,应分析具体情况,加铺面层或先处治基层和土基后,再重新铺筑沥青面层。

(4)对于轻微的网裂,可采用刷油封面,或乳化沥青稀浆封面处治,以防渗水。

(5)对于油层老化(基层完好)而产生的龟裂,一般可采用油砂封面或沥青罩面进行封闭,严重的应加铺面层。

三、坑槽

路面由于矿料松散,出现大小不同、深浅不一的坑凹,称为“坑槽”。

(一)出现坑槽的主要原因

(1)路面出现小块松散,或严重裂缝等病害,未能及时修补。

(2)基层强度不够,稳定性不好;面层裂缝局部渗水可能导致基层湿软。

(3)路面尚未成型,受到机动车紧急刹车,牲畜蹄的蹬刨可出现坑槽,或受外力冲击(机械碰撞、重物冲击等),使路面遭到破坏。

(4)混合料拌和不匀,沥青用量少,在行车作用下主骨料散失。

(二)坑槽的处治方法

1.对路面的基层完好,仅面层有坑槽时的处治方法

(1)测定破坏部分的深度和范围,划出应开挖的范围,其大小应将坑槽全部包括在内,形成长方形或方形,其纵横边线要与公路中心线平行或垂直。

(2)开槽前先切断坑槽开挖范围边沿油层,然后开槽,槽壁要垂直整齐,槽底要平整。

(3)清除槽内碎料、浮土、杂物,直到露出坚实稳定的基层。

(4)采用与原面层的沥青路面材料相同的混合料分层填补,用油量可稍偏大(如无原始资料,矿料最大粒径可相当于槽深的0.8倍,中间粒径矿料占40%~60%,小于0.5 mm的细矿料占3%~10%,油石比应控制在5%~5.5%(注意:煤沥青为6%~6.5%)。

(5)铺料前先将槽底、槽壁均匀涂一层沥青、随即将混合料在槽内摊平。面积小的可用夯由四周向中部均匀夯实,面积较大的宜用

压路机压实。新铺厚度要高于原路面 2～10 mm(一般应为槽深的1.2倍),以便在充分压实稳定后,与原路面齐平,保持良好的平整度。

(6)用烙铁熨平坑槽四周,使新旧路面结合良好。

2. 对路面基层已损坏的坑槽的处治方法

应先处理好基层后,再填补面层。具体操作方法同上,但应注意以下三点:

(1)开槽范围应适当扩大,坑槽较密集时,应连成一片处理。

(2)用水稳性较好的土壤回填夯实原土基,用与原基层和面层结构相同的材料,再做基层和面层,且必须分层压实。

(3)处理过程中要严防渗水。

四、啃边

(一)啃边产生的主要原因

(1)路面宽度不适应交通量增加的需要,汽车会车和超车时车轮碾压路面边缘次数增多,因路肩强度较差造成啃边。

(2)路面与路肩衔接不平顺,或基层宽度不够。

(3)路肩不密实、不稳定,路面边缘受行车的作用而破坏。

(4)在平交道口,未设必要的平台,相交路不在一个平面上相交,路肩和路面边缘受行车破坏。

(5)路肩不平顺,雨季有积水,路面边缘处基层湿软,被行车碾压而破坏。

(6)施工的路面边缘部分的土层和基层压实不够,油层成型不好,也会引起啃边。

(二)啃边的处治方法

(1)初期养护时要注意做到路面边缘部分成型良好。

(2)用粒料加固路肩,使路肩平整坚实。

(3)及时清除路肩上的积水积雪,尤其是冬季要把积雪清除到路基以外;消除路肩高于路面边缘的现象,以利路面排水畅通。

(4)在平交道口改善相交路的纵坡使其相交在一个平面上。

(5)修补啃边的方法与修补坑槽大致相同,即采用挖补的方法进行处治。

五、沉陷

(一)产生沉陷的主要原因

(1)均匀沉陷:这种病害多发生在高填方路堤的部位,由于在施工中未能达到要求的密实度,往往出现大面积的均匀沉陷,一般不会引起路面的损坏,而往往出现各种裂缝。

(2)不均匀沉陷:路基填土种类差别较大,或密实度不均匀,常会引起不均匀沉陷,使路面遭到破坏。

(3)局部沉陷:路基局部地段填筑不密实,或路基有空洞,有坟墓、树坑、沟槽或路线跨越废旧河沟而回填不密实,就会引起局部沉陷,使路面遭到破坏。

(二)沉陷的处治方法

(1)对不均匀沉陷所引起的路面裂缝和轻度下沉。如基层和土基较为密实稳定,可只修补面层,用沥青砂或细粒式沥青混合料填补,调整平整度,面积较大时应加铺面层。

(2)对局部沉陷应根据情况,彻底根治。首先处治土基,再重铺基层和面层。

(3)对于因土基和基层结构的破坏而引起的沉陷也必须先处理土基和基层后再重铺面层。

六、波浪与搓板

(一)波浪与搓板产生的主要原因

(1)层铺法施工的面层,嵌缝料或初期养护料过厚,在行车作用下使矿料堆积,泛油后造成波浪。

(2)拌和施工的面层,因油石比偏大,矿料偏细,沥青稠度偏稀,级配不良,或养护时横撒细粒料,因被行车推移形成波浪。

(3)由于路基不实，基层强度不够，行车通过时引起波浪。

(4)施工不当，基层浮土清除不净，石灰土基层养生不好。

(二)波浪与搓板的处治方法

(1)因基层强度不足或稳定性差引起的波浪，应挖开油层，加强基层后，再铺油层。

(2)油层和基层中间有隔层的，应挖开油层，清除浮动层，重铺油层。

(3)小面积的油层波浪，可在波谷内填铺油料找平处治，或铲除破碎部分进行重铺。

七、脱皮

(一)发生脱皮的主要原因

(1)面层与基层之间黏结不良，在行车的水平剪力作用和不利的自然因素影响下，面层会被推移，引起脱皮。

(2)因矿料含土、粉料过多或潮湿，施工中碾压过度，矿料被压碎，形成阻碍油料渗透的隔离层，破坏了嵌缝料和主层矿料之间的黏结。

(3)主层矿料级配不好，粒径偏细，颗粒重叠，嵌挤不紧，油料分布不均匀，在主层矿料间存在着黏结不良的隔层面。

(4)沥青稠度偏大，泛油后，未能及时撒料养护，在气温下降时，油的粘度加大，被车轮辗压将结合不良的层次黏起。

(5)层铺法施工时，上下层间有浮土，或因潮湿而形成隔层，表层容易被行车推移或黏走。

(二)脱皮的处治方法

(1)先清除脱落和已松散部分的油层，扫净浮土、粉料，露出下面稳定的颗粒，刷一层薄沥青，根据脱皮的不同厚度，浅的可用沥青细粒式混合料，较深的可用中粒式沥青混合料，炒拌好后灌入槽内、整平压实。摊铺应适当加厚以便碾压后与原路衔接平顺。

(2)用层铺法进行处理，先洒一层黏结沥青，再根据脱皮的不同厚度,决定修补的层次和矿料粒径,分层压实,最后罩面。

八、拥包

(一)发生拥包的主要原因

(1)用油量过大。层铺法施工时,在起点重复洒油,洒油车停放处漏油或洒油过多;拌和法施工时,用油量大,或矿料少,造成油石比过大;油桶、油车漏油或操作不慎将沥青流到已铺好的路面上。

(2)沥青的稠度小,沥青的粘滞度小,针入度大。

(3)两层次之间有杂物、尘土,不能紧密连接,在行车作用下,常被推移。

(4)基层湿度过大,与油层黏结不良,天热时水分气化,气体膨胀,在行车推移作用下形成拥包。

(5)矿料偏细。①在沥青稠度小时,采用了较细的矿料级配;②矿料级配要求不严,细料偏多,且不均匀;③摊铺时,粗细粒分离,细料集中。

(二)拥包的处治方法

(1)首先铲除油包、拥包,处治时应在气温较低时进行。用铣刨机将凸起处全部铣平。

(2)铲除后,如平整度相差不大,在气温较高时,撒一层粘层油,再铺一层沥青混合细料即可。

九、平整度差

(一)形成平整度差的主要原因

(1)路面在施工时未能严格掌握平整度的要求,误差超出允许范围。

(2)路面的结构强度和稳定性不均匀,初期养护撒料不匀。

(二)平整度差的处治方法

(1)处治方法:根据路面不平整的程度,可用细粒式或中粒式沥青混合料填平低洼部分,及时压实,最好再铺一层厚 2 cm 的沥青面层。

(2)处治过程:①清除表面杂物,用 3 m 直尺和路拱板仔细测出低洼部分的范围和深度,做好标记;②对光滑的地方应凿毛,并清除干净;③路面坑凹在 1 cm 内的可采用沥青砂修补,深在 1～2 cm 的应采用细粒式和中粒式沥青混合料填补,要注意四周宜另用细粒径的沥青混合料填补,使之与原路面平顺;④混合料摊铺后,仔细整平压实。

十、翻浆

沥青路面路基湿软出现弹簧、破裂、冒泥浆现象,称为翻浆。

(一)路面翻浆形成的主要原因

(1)地下水位高,土基含水量过大,基层结构不密实,水稳性差,基层湿软,强度逐步降低,由于冰冻和春融的影响,在行车作用下,造成翻浆。

(2)基层强度不够。如石灰剂量偏少、拌和不均匀、碾压不密实、含水量偏大,尤其是晚秋施工,石灰土不成型、面层未密封而透水严重,使基层过湿,在春融时期造成翻浆。

(3)在中湿或潮湿路段,由于设计、施工不当,或因利用公路边沟作排灌渠道,或因山丘区有地下潜流等,都会造成基层强度不断下降,形成翻浆。

(4)在砂石路面上加铺沥青面层后,路基中的水分不易蒸发出去,从而使路基中的含水量逐渐升高,最终导致路基中含水量过大,形成翻浆。

(二)翻浆的处治方法

(1)当路面出现湿斑时,应立即设置标志,禁止车辆在湿斑上通行,以防病害继续扩大,待春融期过后,湿斑一般会自行消失。

(2)对因面层成型不好,雨雪水下渗引起基层表面强度破坏而形成翻浆,应在春融季节过后,气温回升,路面干燥时,加强养护,促使路面成型。

(3)对于因晚秋施工,基层含水量偏大,造成次年春融季节基层表面翻浆,使面层产生不同程度破坏的,一般应在春季气温回升后,将破坏部分的油层清除干净,如基层有损坏部分时应先修补基层,待基层硬化成型后,再用沥青混合料修补面层。

(4)对因基层石灰剂量少、拌和不匀、含水量过大、碾压不实等引起的基层不成型所造成的翻浆,应先将面层挖掉、基层翻松,根据补强要求,适当增加石灰剂量,拌匀铺平压实后,再做面层。

(5)对因排水不良造成的翻浆,一要扩大边沟,增加路基的临空面,并严禁用边沟作排灌渠道;二要对地势低洼、水稳性不好或交通量较大的地段,在处治基层翻浆时,适当加大石灰剂量和增加基层厚度,或用小块片石、矿渣加强底层,必要时,增设纵横盲沟。

十一、松散

(一)产生松散的原因

(1)晚秋施工,油路面未来得及泛油成型,即进入冬季。

(2)表、处层油石比偏小,或由于油料老化,降低了黏结力。

(3)矿料质量差、风化松软、含土过多、潮湿,或因采用未经处理的酸性矿料,致使其与油料黏结不良。

(4)由于底层土基的松软变形,引起面层松散。

(5)局部松散,一般由于油料洒布不匀、个别地点油量不足甚至露白而形成。

(二)处治方法

(1)大面积松散、属于面层引起的,可将松散粒料清除,重做油层;轻微的可采用罩面法解决。

(2)属于基层引起的,可处理基层后,再重做油层。

(3)对局部严重的松散,采用挖补法处理。

十二、沥青路面坑槽修补操作实例

以沥青路面坑槽修补为例,详细介绍路面养护中病害处理的实际操作程序如下。

(一)划线、开槽

(1)操作程序:①划线;②开槽;③槽底夯实;④清底;⑤旧料清理堆放。

(2)操作技术要求:①按病害范围划线,划线呈矩形,其边线与路面中心线平行或垂直;②开槽时先将四边线切断,然后由中间向边沿开槽;③清底后夯实并清扫干净;④旧料应堆置在路肩上,并按路线纵向堆成整齐立方体。

(二)人工铺装灰土基层

(1)操作程序:①材料计算;②配料;③拌和;④闷料;⑤铺装;⑥整平;⑦夯实;⑧清扫、养生。

(2)操作技术要求:①材料计算准确;②配料:各种规格材料配比符合规定;③拌和:干拌、湿拌各两遍,加水适量拌和均匀;④闷料:拌好到铺装之间应有 5~20 min 闷料时间;⑤铺装,先边部后中间扣锐铺装;⑥用刮板整平;⑦夯实:先边部后中间;⑧清扫场地,洒水养生。

(3)质量考核:①表面平整;②密实稳定。

(三)摊铺油层

(1)操作程序:①材料计算;②配料;③拌和;④刷透层油;⑤摊铺;⑥整平;⑦夯实;⑧做上封层;⑨清理现场。

(2)操作技术要求:①计算、配料准确,油石比 5.5%;②拌和:骨料堆顶部挖成平槽形,均匀浇油,拌和速度快、均匀,达到石料无白脸;③底层面清扫干净、无尘土,刷透层油 0.8 kg/m^2;④摊铺:先边部后中间扣锐摊铺,整平后轻夯两遍稳定;⑤用 0.3~0.5 m 石料拌沥青作为上封层;⑥现场清扫干净,剩余料堆放整齐。

(3)质量考核:①路面平整度应符合有关规范要求;②密实稳定。

【例题】 有一坑槽,长 5 m,宽 2 m,石灰土碎石基层厚 20 cm,面层厚 3 cm,基层压实干密度为 2 100 kg/m^3,石灰土占基层重的 18%,石灰含量 10%,面层碎石松方干密度为 1 500 kg/m^3,碎石级配大、中、小重量比为 50∶30∶20，油石比为 5.5%，粘层油按 0.8 kg/m^2 计，压实系数为 1.3，求各种材料用量。

解：(1)基层材料计算：

体积 = 长 × 宽 × 高 = 5×2×0.2 = 2(m^3)

基层总重量 = 体积 × 基层压实干密度 = 2×2 100 = 4 200(kg)

石灰土重量 = 基层总重量 × 18% = 4200 × 0.18 = 756(kg)

石灰重量 = 石灰土重 × 10% = 756 × 0.1 = 75.6(kg)

土重 = 石灰土重 − 石灰重 = 756 − 75.6 = 680.4(kg)

碎石重 = 基层总重量 − 石灰土重 = 4 200 − 756 = 3 444(kg)

(2)面层材料计算：

面层体积 = 5×2×0.03 = 0.3 (m^3)

碎石重量 = 体积 × 松方干密度 × 压实系数 = 0.3×1 500×1.3 = 585(kg)

又大、中、小碎石比为 50∶30∶20，

所以，大碎石重 = 292.5(kg)，中碎石重 = 175.5(kg)，小碎石重 = 117(kg)

沥青用量 = 碎石重 × 油石比 = 585 × 5.5% = 32.175(kg) ≈ 32.2(kg)

粘层油 = 0.8×5×2 = 8 (kg)

答：基层碎石重 3 444 kg；土重 680.4 kg；石灰重 75.6 kg；大碎石重 292.5 kg；中碎石重 175.5 kg；小碎石重 117 kg；沥青用量 32.2 kg；粘层油重 8 kg。

注：石灰含量 = 石灰重 ÷ 灰土重；石灰剂量 = 石灰重 ÷ 土重。

第四节　沥青路面的封层、罩面和路面改善简介

沥青路面在长期使用中出现不同类型的破损和面层的磨耗，平整度、摩擦系数等指标低于规定值，需适时进行封面和罩面以改善路面的使用质量。随着交通的不断增长，原有路面的宽度和厚度已不

能满足运输的需要，为了提高路面技术状况，可进行必要的加宽和加厚，即路面改善。

一、封层

封层是在沥青路面表面采用喷油层铺或混合料拌铺以全面封闭表面破损的措施。当沥青路面的破损率超过容许的规定值，但路面使用年限尚未达到罩面的间隔周期时可以考虑在采取修补措施后做封层。

(一)封层材料规格与用量

(1)每千平方米用沥青 0.5～0.7 t。

(2)每千平方米用 2～5 mm 的粗砂或 5～7 m^3 的石屑。

(二)封层的施工方法和要求

封层的施工方法和要求与拌和法沥青表面处治基本相同。

二、罩面

罩面是在原路面上加铺一层沥青混合料，以周期性地恢复其被磨耗的厚度，同时可解决路面的一般破损问题，改善路面抗滑能力和平整度的措施。

当路面质量评定中强度系数符合要求，而平整度、摩擦系数、破损率均不符合规定值时，需进行罩面。

(一)沥青罩面的材料规格和用量

(1)每千平方米用沥青 0.8～1.2 t。

(2)每千平方米用 2～5(或 3～10)mm 的粗砂或石屑 5～13 m^3。

(二)施工方法

(1)必须提前处理好路面上的坑槽和龟裂等病害，并对原路面平整度进行调整。

(2)在路面干燥、清洁的条件下洒布沥青，随即撒铺矿料，也可用拌和法铺筑。沥青和矿料都要符合规定，严格掌握单位面积的用量。

(3)碾压。用轻型压路机碾压两遍后,控制行车自然碾压成型,并认真做好初期养护工作。

三、改善

(一)加宽

路面加宽时应注意下列几点:

(1)新加宽加厚的材料、结构应与原沥青路面相同,所加宽的基层强度也应与原有路面的强度大致相同。

(2)加宽时,基层与面层要分别进行,加宽的基层应通过行车碾压,达到与原路同样密实后再做面层,并注意新旧路面要衔接好。

(3)加宽与加厚同时进行时,应注意加宽部分的基层标高应按加宽加厚路拱的要求进行调整,加宽部分的油层,应与加厚部分一并进行。

(4)在一侧加宽时,必须调整路拱。

(二)加厚

路面加厚时应注意下列几点:

(1)路面加厚的数值,应根据补强设计决定。

(2)加厚前应对原路面的各种病害进行处理。

(3)加厚的施工方法和材料要求,应与原路面相同。

加宽和加厚路面时,可采取半幅通车的办法,一般不应中断交通,但要注意保证工程质量,尤其是路面的横坡度,应满足设计要求。

(三)沥青路面的翻修

1.对沥青路面翻修的一般要求

(1)沥青路面损坏严重,经判断采用其他修理方法已不能维持良好状况时,应进行路面翻修。另外如路面产生严重车辙或全面龟裂,即使采用罩面措施,也有可能重复出现同样的破损时,应进行翻修。

(2)翻修分为全厚翻修和剥层翻修两种,所谓剥层翻修即当原有路面较厚,则用切割机械挖除面层的一部分,然后进行重铺。

(3)路面翻修按照新铺路面进行设计。

2.路面翻修的施工要求

(1)路面在翻修前,应把旧油层先行挖除集中堆放,而后加以再生利用。

(2)根据需要挖除基层者,采用挖掘机械挖除,并尽量做到重复利用。

(3)铺筑新路面时按照有关施工规范进行。

(四)沥青路面补强

1.对沥青(渣油)路面补强的一般要求

(1)沥青路面在使用过程中或使用终期时,由于与交通量的发展不适应,需要对原有路面进行改造。为了充分利用路面的剩余强度,采用在原有基础上予以补强的方法,从而提高技术状况,改善路面的使用性能。

(2)对原有路面根据使用质量评定需要进行翻修和补强设计时,应按现行路面设计规范的规定进行。

2.路面补强设计要求

(1)对原有沥青路面必须作挖验调查和经济比较,能利用者要采取再生利用旧沥青面层的方法,计算和做补强层。

(2)对补强要求仅需要在原有路面上做面层加厚补强时,要做详细挖验,防止新面层受原有路面不利因素的危害。

(3)罩面设计要使路面标高提高后的纵坡比较顺适,对周围环境的适应等因素作周密考虑,详细计算。

3.路面补强的施工要求

(1)根据补强层设计的种类、结构和施工方案,按有关施工规范进行施工。

(2)要使新旧基层连接好,不形成隔层。

(3)在原有沥青路面上加铺沥青补强层时,应把原有路面所有损坏部分修补好(填好裂缝、补好坑槽、处治好各种病害)。必要时设整平层,而后铺筑补强层。

第七章　水泥混凝土路面养护

第一节　水泥混凝土路面特点

一、水泥混凝土路面优点

(1)强度高。水泥混凝土路面具有较高的抗压、抗弯拉和抗磨耗的力学强度。

(2)稳定性好。水泥混凝土路面的水稳性、热稳性均较好，它的强度能随时间的增长而逐渐提高，即没有像沥青路面那样的“老化”情况。

(3)耐久性好。由于水泥混凝土路面的强度和稳定性好，所以它经久耐用，一般能使用 20～30 年。

(4)养护费用少。水泥混凝土路面坚固耐久，不需要很多的养护工作量和养护费用。建筑投资虽较多，但使用年限长，故所分摊于每年的建筑费用不多。因此，从长远角度来看，选用水泥混凝土路面，在某些情况下是比较经济的。

(5)表面粗糙度较好。在干燥、潮湿状态下摩擦系数均较大，有利于行车。

(6)有利于夜间行车。混凝土路面色泽鲜明，能见度好，对夜间行车有利。

二、水泥混凝土路面缺点

(1)对水泥和水的需要量大。修筑 20 cm 厚、7 m 宽的混凝土路面，每 1 000 m 要耗费水泥 400～500 t。不包括养生水在内，要用水

250 t。

(2)有接缝。一般水泥混凝土路面要建造许多接缝,这些接缝不但增加了施工和养护的复杂性,而且容易导致路面板边和板角处破坏。

(3)开放交通迟。一般混凝土路面施工后,要经过 15～21 天的保湿养生,才能开放交通,如需提早开放交通,则需采用特殊措施来保证。

(4)修复困难。混凝土路面损坏后,开挖很困难,修补工作量大。

(5)浇筑混凝土前的准备工作较多。其中包括安设模板、布置接缝及设置传力设施等。

三、水泥混凝土路面的工作特性

(一)弹性地基上的板

水泥混凝土路面称刚性路面,是因为这种路面在荷载作用下产生的变形较小,通常是处于弹性工作状态,故可将其视为弹性板体。同时,由于板体在荷载作用下产生的挠度很小,混凝土板下土基(或基层)产生的变形也很小,可以把混凝土板下的土基看成是弹性地基。弹性地基理论是水泥混凝土路面设计规范所采用的理论。

(二)重复荷载的作用

在车轮荷载的作用下,混凝土板产生弯曲。当荷载作用于板中部时,板顶面会出现压应力,而板底面承受弯拉应力;当荷载作用于板角时,板底面承受压应力,而板顶面出现拉应力。在重复荷载作用下,混凝土板反复承受弯拉应力与压应力作用,因此混凝土板的破坏是疲劳引起的损坏,控制混凝土破坏强度的指标,主要是抗折强度。

(三)温度的影响

混凝土板因温差的变化而伸缩,在板体内产生很大的温度应力。为了消减温度应力,混凝土路面要划分成一定尺寸的板块,并设置各种接缝构造以减少热胀冷缩的影响。

(四)混凝土路面对土基、基层要求

混凝土是一种脆性材料,它在断裂时的相对伸长变形很小,在弯曲断裂时的表面相对拉伸变形只有 0.000 1～0.000 3。因此,在荷载作用下土基或基层的变形情况,对混凝土板的影响很大。不均匀变形会使板体与基层脱空,板体由此产生折裂,因此要求板下的土基、基层既要有足够的强度,又要注意它的均匀性和水稳定性。

第二节　水泥混凝土路面构造

一、板

水泥混凝土路面受气温变化影响较大,当板块很大时,将会由于热胀冷缩产生过大的温度应力而导致混凝土破坏。为了使混凝土板不致因温度应力过大而导致破坏,必须设置垂直相交的纵向和横向接缝,将混凝土面板划分为较小的矩形板块。

(一)纵缝间距

纵缝间距即板的宽度,板的宽度可按路面总宽、每个单车道宽度以及板厚而定。每个单车道宽度为 3.75 m 或 3.5 m,纵缝间距可据此选用,在行车道宽 9 m 时,可把纵缝间距增大至 4.5 m。纵缝间距过宽容易出现纵向裂缝,在短期内即发生破坏。

(二)横缝间距

横缝间距即板的长度,板长应根据当地气象条件、板厚、路基稳定状况和经验确定。一般,在当地气温变化幅度较大、板厚也大、路基稳定状况较差时,板长宜短;反之板可稍长。一 般采用 4～5 m,最大不超过 6 m。

二、纵缝

(一)纵向施工缝

当一次铺筑宽度小于路面宽度时,应设置纵向施工缝。纵向施工缝采用平缝。纵缝内宜加设拉杆，否则板块横向位移会使纵缝缝隙扩大。

（二）纵向缩缝

当一次铺筑宽度大于4.5 m时，应增设纵向缩缝。纵向缩缝采用假缝形式。为防止板横向位移、缩缝增大，应在板厚中央设置拉杆。

三、横缝

横缝可分为横向缩缝、胀缝和横向施工缝。

（一）横向缩缝

横向缩缝采用假缝形式，横向缝宽 3～8 mm，缝深(1/4) h ～(1/5) h，h 为板厚，其余的下部混凝土仍连在一起，如混凝土板收缩时，自然断裂，断缝为犬牙状，可起到传递部分荷载的作用。因此，横向缩缝一般不设传力杆。在交通繁重时，因重复荷载次数增多使缝的传荷能力迅速降低，接缝处易出现错台现象，为避免或减轻错台现象，应加设传力杆。在邻近胀缝或自由端的缩缝，其缝隙会随路面板的反复伸缩而逐渐张开，为保证这些接缝的传荷能力，规定在交通繁重的公路或路面平整度要求较高的公路上，在邻近胀缝或路面自由端部的三条缩缝内，均宜在板厚中央加设传力杆。

（二）胀缝

在胀缝处混凝土板完全断开，因而也称之为真缝，它的设置是为了防止由于混凝土板膨胀而产生纵向应力，这种应力发生在板的端部或与其他构造物接触部分，对板体是有害的。从施工和使用上考虑，胀缝应尽量少设或不设。绝大部分国家规定，在邻近桥梁或其他固定构造物处、和其他路面相接处、板厚变化断面处、隧道口、小半径曲线和纵坡变换处，均应设置胀缝。在邻近构造物处，至少应设 2～3 条胀缝。

设置在其他位置的胀缝，应根据板厚、施工温度、混凝土的膨胀性并结合当地经验确定。夏季施工，板厚等于或大于 20 cm 可不设；

其他季节施工，一般每隔 100～200 m 设置一条胀缝。

胀缝应采用滑动传力杆构造形式。同结构物衔接处或其他道路交叉处的胀缝无法设置传力杆时，可采用厚边型或边缘钢筋型。

（三）横向施工缝

横向施工缝是每天施工结束后，或由于天气、机械故障、待料等原因，而使混凝土浇筑作业中断的时间超过混凝土初凝时间时，而必须设置横向缝，其位置应设在缩缝处。横向施工缝采用平缝加传力杆形式。

（四）拉杆

拉杆应采用螺纹钢筋，设在板厚中央，同时应对拉杆中部 10 cm 范围内进行防锈处理。拉杆尺寸及间距可按表 7-1 选用。其最外边的拉杆距接缝或自由边的距离一般为 25～35 cm。

表 7-1　拉杆尺寸及间距

板宽（m）	板厚 h（cm）	直径 d_s（mm）	最小长度（cm）	最大间距（cm）	板宽（m）	板厚 h（cm）	直径 d_s（mm）	最小长度（cm）	最大间距（cm）
3.00	≤20	12	60	90	3.75	≤20	12	60	70
	21～25	14	70	90		21～25	17	70	70
	26～30	16	80	90		26～30	16	80	70
3.50	≤20	12	60	80	4.50	≤20	12	60	60
	21～25	14	70	80		21～25	17	70	60
	26～30	16	80	80		26～30	16	80	60

（五）传力杆

传力杆应采用光面钢筋，其长度的一半再加 5 cm，应涂以沥青或加塑料套。胀缝处的传力杆，尚应在涂沥青一端加一套子，内留 3 cm的空隙，填以纱头或泡沫塑料。套子端宜在相邻板中交错布置。传力杆尺寸及间距可按表 7-2 选用。其最外边的传力杆距接缝或自由边的距离一般为 15～25 cm。

表 7-2　传力杆尺寸及间距

板厚 h(cm)	直径 d_s(mm)	最小长度(cm)	最大间距(cm)
≤20	20	40	30
21～25	25	45	30
26～30	30	50	30

第三节　养护与维修

一、水泥混凝土路面的养护

(1)经常清扫路面上的污染、杂物,特别是对带到路面上的小石块要及时清除,避免车辆行驶损坏面层。在水泥混凝土路面和其他粒料路面连接的地方以及路肩未加固的路段上,更容易把土、砂、石块带到路面上,应经常保持路面的清洁。

(2)冬季降雪时,应注意把路面和路肩上的积雪及时清除,特别是在融雪期间,更应注意把雪水和薄冰清除干净,防止水分渗进基层和造成滑车现象。

(3)路面伸缩缝里的填缝料,如发生脱落、有孔洞或缝隙时,应及时用沥青或其他填缝料填补,防止泥土和砂石挤进去,影响路面板块的正常伸缩。

二、水泥混凝土路面常见病害

(一)水泥混凝土路面的病害原因

造成水泥混凝土路面损害的主要原因有:①混凝土所用的材料品质不良;②选用的配合比不正确;③操作方法上的缺点;④凝固过程中没有做好混凝土养生;⑤由于板边的裂缝和破坏没有及时修补,以致雨水渗入基层和路基,降低路基、基层的承载能力,在行车的影响下,使混凝土路面呈现新的裂缝和缝隙,以及裂缝处板的沉陷;⑥由于缝隙和裂缝中的填缝料发生老化、破裂和脱落后,未及时进行灌缝,而被泥土、砂石填塞,妨碍混凝土板因温度升降而伸缩移动,以致产生板的纵向和斜向裂缝;⑦由于超过设计荷载而发生破坏。

(二)水泥混凝土路面的病害形式

水泥混凝土路面在使用过程中所产生的病害,主要有接缝破坏和混凝土板损坏两方面。

(1)接缝破坏。接缝破坏会引起以下灾害:①拱起:当胀缝上部被阻塞,板伸长时所产生的压应力未超过混凝土的抗剪强度时,接缝两边可能会向上拱起,甚至在夏季暴日下突然拱起折断。②错台:当胀缝下部接缝板与上部缝隙未能对齐,或胀缝歪斜时,缝旁两板在伸胀挤压过程中会上下错开而成错台。又如缩缝断裂后,水沿裂口渗入而使基础软化,或者裂口断面被磨光,传力效果降低,都会导致错台的产生。交通量或基础承载力在横向各幅板上分布不均匀,各幅板沉降不一致,也会产生错台现象。③接缝养护质量差:接缝内无填缝料或出现填缝料与板边脱离、凹陷、凸出。④唧泥:唧泥是指车辆通过时基层材料和水一起从接缝处挤出,逐渐使基层失去支撑能力,在荷载的重复作用下,最终产生板断裂的现象。当填缝料损坏、失去作用,致使雨水下渗和路面排水不良时,常会出现唧泥。

(2)混凝土板本身的破坏。主要表现为裂缝、坑洞、露骨、板角断裂、沉陷和严重破碎板等。

其中产生裂缝的原因有以下几种:①面板基础湿软、强度不均匀。②板体太长,当板收缩时,它与基础间产生的摩擦力阻止收缩而使板底产生拉应力及在重复荷载作用下,混凝土板产生疲劳而发生裂缝。③由于材料或施工质量不良,混凝土未达到设计强度要求。

三、水泥混凝土路面的维修

(一)填缝料维护

夏天填缝料被挤出应及时铲除;冬季缝隙增宽或填缝料丧失、脱落,应及时补灌填缝料。填缝料日久老化失去弹性,应及时铲除更新。

(二)裂缝的修补

对较小裂缝,应及时将缝隙内尘土清除干净,再灌填沥青砂,或用环氧树脂胶结。裂缝较宽时,应先顺着裂缝把松动的部分凿掉,吹扫干净;然后在干燥的情况下,用液体沥青在裂缝边涂刷一遍;再用沥青混合料、沥青砂或沥青混凝土填平夯实,表面用烙铁熨平后,撒盖一层薄的细砂。

(三)出现露骨、裂缝、沉陷的处治

如损坏范围较小,且不严重,可根据不同情况分别用沥青混合料、沥青砂或沥青混凝土填补。

如损坏范围较大,并不断扩展时,应进行稀浆封层、沥青表面处治,或在整个损坏的路段上,重新铺筑水泥混凝土路面。

(四)坑洞的处治

应先将坑洞修凿成正方形、长方形的直壁坑槽,并注意以下事项:

(1)避免形成新的裂缝。

(2)防止损坏部分的继续扩大而影响好的路面。

(3)把里面的尘土及混凝土碎块清除干净,待干燥后,用硬毛刷涂刷一层沥青,然后用沥青砂或沥青混凝土填补整平。填补的坑洞较深时,可先在坑洞下面填一层碎石,碎石层的夯实厚度,要比原路面低 1.5~2 cm,然后在上层用沥青砂或沥青混凝土填补。

(五)严重裂缝修理

把混凝土板裂缝一般凿成深 5~7 cm 的长方形槽,刷洗干净后,用水泥砂浆涂抹槽壁和底面,然后以水泥混凝土填补。较彻底的办法是将凹槽凿至贯通整个板厚,在凹槽边缘板厚中央打洞,深 10 cm,直径 3~4 cm,水平间距 30~40 cm。每个洞应先将其周围润湿,插入一根直径 18~20 mm,长约 20 cm 的钢筋,然后用最大粒径为 5~10 mm的细粒式混凝土填塞捣实。洞口留下 1~2 cm 不浇筑,钢筋一半伸出洞外，待混凝土硬结后，再将凹槽边壁润湿，涂刷水泥浆一道，然后将与原来相同的混凝土浇入槽中夯捣密实。

（六）严重破碎板的修复

当裂缝分布遍及全板且伴有严重剥落或沉陷时，可将该块板击破翻除，重新夯实基层，另浇筑新混凝土板。

（七）罩面

水泥混凝土路面损坏后，可在其上以新混凝土罩面，为增进新旧混凝土结合，应在旧路面上先涂敷环氧树脂，然后铺新混凝土层。如用沥青混合料进行罩面，应将路面上的严重病害处治完毕后，再根据具体情况采用不同厚度的罩面。

四、水泥混凝土路面的翻修

水泥混凝土路面根据使用质量评定，判断出需进行翻修时，在翻修前根据面积、土基、面层情况、交通量等，区别选用水泥混凝土路面或沥青路面结构。水泥混凝土路面翻修的设计与施工分别按照有关的设计、施工规范进行。但在施工中应注意以下事项：

(1)破碎原路面时，应以一块路面板为最小单位。

(2)重新浇筑的混凝土路面板为单车道翻修时，其接缝位置及其接缝构造(指另一侧原有混凝土路面板和重浇的混凝土路面板相连接的纵向接缝)，原则上要设置传力杆。

(3)翻修与新建不同，因为翻修工程作业范围分散或不是整段翻修，不能进行全路段机械化施工，因此施工方法、运输条件和混凝土坍落度的选择等，都要考虑翻修的特点，采取相应的措施。

第八章　桥涵养护

第一节　桥涵养护工作内容

一、公路桥涵养护工作的主要内容和基本要求

(1)建立、健全公路桥涵的检查、评定制度。对公路桥涵构造物进行周期性检查,系统地掌握其技术状况,及时发现缺损和相关环境的变化。按桥梁检查结果,对桥梁技术状况进行分类评定,制定相应的养护对策。

(2)建立公路桥涵管理系统和公路桥涵数据库,实施桥涵病害监控,实行科学决策。逐步建立特大型桥梁荷载报警系统,地震、洪水和流冰等预防决策系统。

(3)公路桥涵养护应做到:桥涵外观整洁,桥面铺装坚实平整、横坡适度,桥头连接顺适,排水畅通,结构完好无损,标志、标线等附属设施齐全完好。

(4)桥涵构造物的养护,首先应使原结构满足设计荷载等级的承载要求及设计交通量的通行要求。根据交通发展的需要,也可通过改造和改建来提高承载能力和通行能力。在确定改造或改建工程方案时,应注意新旧结构之间的关系,充分发挥原有结构的作用。

(5)养护作业和工程实施应注意保障车辆、行人的安全通行及环境保护。

(6)桥涵构造物养护应有对付洪水、流冰、泥石流和地震等灾害的防护措施,同时备有应急交通方案。

(7)新建或改建桥梁交工接养,应有完备的交接手续并提供成套

的技术资料。特大桥、大桥应配置养护设施、机具，设置养护工作通道、扶梯、吊杆、平台，设计单位应提供养护技术要点及要求。未配置或配置不能完全满足养护工作需要的，可根据实际需要予以增添。

(8)桥涵构造物的检查及技术状况评定、养护对策，维修、加固、改建的竣工验收等有关技术文件，均应按统一格式完整地归入桥梁养护技术档案及数据库。

二、公路桥涵养护应遵循的技术政策

(1)公路桥涵养护工作按“预防为主，防治结合”的原则，以桥面养护为中心，以承重部件为重点，加强全面养护。

(2)推广应用先进的养护技术和科学的管理方法，改善养护生产手段，提高养护技术水平，大力推广使用和发展公路桥涵养护机械。

(3)公路桥涵的养护按其工程性质、规模大小、技术难易程度划分为小修保养、中修、大修、改建和专项工程五类。其中专项抢修工程是指采用临时性措施在最短的时间内恢复交通的工程措施；专项修复工程是指采用永久性措施恢复桥涵原有功能的工程措施。对于阻断交通的桥涵修复工程，应优先安排。

(4)桥涵养护工程应重视经济技术方案的比选，并充分利用原有工程材料和原有工程设施，以降低成本。

(5)重视环境保护和环境综合治理。

第二节　桥梁检查与评定

一、桥梁检查

(一)桥梁检查的一般规定

桥梁检查分为经常检查、定期检查和特殊检查。

(1)经常检查：主要指对桥面设施、上部结构、下部结构及附属构造物的技术状况进行的检查。

(2)定期检查:是指为评定桥梁使用功能,制订管理养护计划提供基本数据,对桥梁主体结构及其附属构造物的技术状况进行的全面检查,它为桥梁养护管理系统搜集结构技术状态的动态数据。

(3)特殊检查:是指查清桥梁的病害原因、破损程度、承载能力、抗灾能力,确定桥梁技术状况的工作。特殊检查分为专门检查和应急检查。①专门检查:根据经常检查和定期检查的结果,对需要进一步判明损坏原因、缺损程度或使用能力的桥梁,针对病害进行专门的现场试验检测、验算与分析等鉴定工作。②应急检查:当桥梁受到灾害性损伤后,为了查明破损状况、采取应急措施、组织恢复交通,对结构进行的详细检查和鉴定工作。

桥梁管理养护单位应对辖区内所有桥梁建立"桥梁基本状况卡片"(见本章附录 A),将有关信息输入数据库,建立永久性档案。

(二)经常检查

(1)经常检查的周期根据桥梁技术状况而定,一般每月不得少于一次,汛期应加强不定期检查。

(2)经常检查采用目测方法,也可配以简单工具进行测量,当场填写"桥梁经常检查记录表"(见本章附录 B),现场要登记所检查项目的缺损类型,估计缺损范围及养护工作量,提出相应的小修保养措施,为编制辖区内的桥梁养护(小修保养)计划提供依据。

(3)经常检查中发现桥梁重要部件存在明显缺损时,应及时向上级提交专项报告。

(4)经常检查包括下列内容:①外观是否整洁、有无杂物堆积、杂草蔓生;构件表面的涂装层是否完好,有无损坏、老化变色、开裂、起皮、剥落、锈迹。②桥面铺装是否平整,有无裂缝、局部坑槽、积水、沉陷、波浪、碎边;混凝土桥面是否有剥离、渗漏;钢筋是否露筋、锈蚀;缝料是否老化、损坏;桥头有无跳车。③排水设施是否良好,桥面泄水管是否堵塞和破损。④伸缩缝是否堵塞卡死;连接部件有无松动、脱落、局部破损。⑤人行道、缘石、栏杆、扶手、防撞护栏和引道护栏(柱)有无撞坏、断裂、松动、错位、缺件、剥落、锈蚀等。⑥观察桥梁结构有无异常变形，异常的竖向振动、横向摆动等情况，然后检查各部件的技术状况，查找异常原因。⑦支座是否有明显缺陷；活动支座是否灵活；位移量是否正常。支座的经常检查一般可以每季度一次。⑧桥位区段河床冲淤变化情况。⑨基础是否受到冲刷损坏、外露、悬空、下沉；墩台及基础是否受到生物腐蚀。⑩墩台是否受到船只或漂浮物撞击而受损。⑪翼墙（侧墙、耳墙）有无开裂、倾斜、滑移、沉降、风化剥落和异常变形。⑫锥坡、护坡、调治构造物有无塌陷；铺砌面有无缺损、勾缝脱落、灌木杂草丛生。⑬交通信号、标志、标线、照明设施以及桥梁其他附属设施是否完好。⑭是否有其他显而易见的损坏或病害。

（三）定期检查

1.定期检查的时间规定

定期检查的时间应符合下列规定：

（1）定期检查周期根据技术状况确定，最长不得超过三年。新建桥梁交付使用一年后，进行第一次全面检查。临时桥梁每年检查不少于一次。

（2）在经常检查中发现重要部（构）件的缺损明显达到三、四、五类技术状况时，应立即安排一次定期检查。

2.定期检查的主要工作

定期检查以目测观察结合仪器观测进行，必须接近各部件仔细检查其缺损情况。定期检查的主要工作有：

（1）现场校核桥梁基本数据（桥梁基本状况卡片）。

（2）当场填写“桥梁定期检查记录表”（见本章附录C），记录各部件缺损状况并做出技术状况评分。

（3）实地判断缺损原因，确定维修范围及方式。

（4）对难以判断损坏原因和程度的部件，提出特殊检查（专门检查）的要求。

（5）对损坏严重、危及安全运行的危桥，提出限制交通或改建的建议。

(6)根据桥梁的技术状况,确定下次检查时间。

(7)桥梁检查中发现的各种缺损均应在现场用油漆等将其范围及日期标记清楚。发现三类以上桥梁及有严重缺损和难以判明损坏原因和程度的桥梁,应作影像记录,并附病害状况说明。

3.桥梁检查后应提出的文件

桥梁定期检查后应提出下列文件:

(1)桥梁定期检查数据表。当天检查的桥梁现场记录,应在次日内整理成每座桥梁定期检查数据表。

(2)典型缺损和病害的照片及说明。缺损状况的描述应采用专业标准术语,说明缺损的部位、类型、性质、范围、数量和程度等。

(3)两张总体照片。一张桥面正面照片,一张桥梁上游侧立面照片。桥梁改建后应重新拍照一次。如果桥梁拓宽改造后,上下游桥梁结构不一致,还要有下游侧立面照片,并标注清楚。

(4)桥梁清单。

(5)桥梁基本状况卡片。定期检查完成后,应将本次检查的桥梁各部件技术状况评定结果登记在桥梁基本状况卡片内。

(6)定期检查报告。该报告应包括下列内容:①辖区内所有桥梁的保养小修情况。②需要大中修或改建的桥梁计划、说明修理的项目、拟用的修理方案、估计费用和实施时间。③要求进行特殊检查桥梁的报告,说明检验的项目及理由。④需限制桥梁交通的建议报告。

4.《河南省村级道路养护管理技术指导意见(试行)》的强制要求内容

《河南省村级道路养护管理技术指导意见(试行)》对村级道路上桥梁的定期检查提出了强制性要求,要求定期检查主要对桥跨结构进行检查,每季度至少一次。其内容包括:

(1)梁式板桥(钢筋混凝土及预应力混凝土结构)。①混凝土有无裂缝、渗水、剥落、露筋和钢筋锈蚀;②结构表面有无整体性龟裂;预应力钢束锚固区段混凝土有无开裂;沿预应力筋的混凝土表面有无纵向裂缝。③跨中、支点、变截面处、悬臂端牛腿或中间铰结构部位等是否存在混凝土开裂和钢筋锈蚀等情况。

(2)圬工拱桥。①主拱圈有无变形、错位、渗水和灰缝松散脱落；砌块有无断裂、脱落；拱铰功能是否正常。②实腹拱侧墙与主拱圈间有无脱落；侧墙有无变形；拱上填土有无沉陷或开裂。③空腹拱或小拱有无变形、错位；立墙或立柱有无倾斜、开裂。④砌体表面是否长苔藓；裂缝处是否滋生草木。

(3)墩台与基础。①有无滑动、倾斜、下沉或冻拔；台背填土有无沉降裂缝或挤压隆起。②墩台及帽梁有无冻胀、风化、腐蚀、开裂、剥落、露筋等；空心墩水下通水孔是否堵塞。③石砌墩台有无砌块断裂、通缝脱开、变形；砌体泄水孔是否堵塞；防水层是否损坏。④墩台顶面是否清洁；有无泥土杂物堆积、滋生草木；伸缩缝处是否漏水。⑤扩大基础的地基是否发生不许可的冲刷或淘空现象；桩基顶段在水位涨落、干湿交替变化处有无冲刷磨损、颈缩、露筋，有无环状冻裂。

(四)特殊检查

特殊检查应委托有相应资质和能力的单位承担，并应于检查结束后写出特殊检查报告，报告内容主要包括：

(1)概述检查的一般情况。包括桥梁的基本情况、检查的组织、时间、背景和工作过程等。

(2)描述目前的桥梁技术状况。包括现场调查、试验与检测的项目及方法、检测数据与分析结果和桥梁技术状况评价等。

(3)详细叙述检查部位的损坏程度及原因，并提出结构部件和总体的维修、加固或改建的建议方案。

二、桥梁评定

(一)桥梁评定及分类

桥梁评定分为一般评定和适应性评定。

(1)一般评定是依据桥梁定期检查资料，通过对桥梁各部件技术状况的综合评定，确定桥梁的技术状况等级，提出各类桥梁的养护措施。一般评定由负责定期检查者进行，适应性评定委托有相应资质及能力的单位进行。

(2)桥梁适应性评定包括以下内容:依据桥梁定期及特殊检查资料,结合试验与结构受力分析,评定桥梁的实际承载能力、通行能力、抗洪能力,提出桥梁养护、改造方案。

评定周期一般为3~6年,可与桥梁的定期检查、特殊检查结合进行。

(3)桥梁技术状况评定等级分为一类、二类、三类、四类、五类,具体评定标准及方法见《公路桥涵养护规范》(JTG H11—2004)。

(二)养护对策

(1)对一般评定划定的各类桥梁,分别采取不同的养护措施:一类桥梁进行正常保养;二类桥梁需进行小修;三类桥梁需进行中修,酌情进行交通管制;四类桥梁需进行大修或改造,及时进行交通管制,如限载、限速通过,当缺损较严重时应关闭交通;五类桥梁需要进行改建或重建,及时关闭交通。

(2)对适应性不能满足要求的桥梁,应采取提高承载力、加宽、加长、基础防护等改造措施。若整个路段有多座桥梁的适应性不能满足要求,应结合路线改造进行方案比较和决策。

第三节　桥梁上部结构养护

一、桥面系的养护与维修

(一)桥面铺装

(1)桥面应经常清扫,排除积水,清除泥土、杂物、冰棱和积雪,保持桥面平整、清洁。

(2)沥青混合料桥面出现泛油、拥包、裂缝、波浪、坑槽、车辙等病害时,应及时处置,当损坏面积较小时,可局部修补;损坏面积较大时,可将整跨铺装层凿除,重铺新的铺装层;一般不应在原桥面上直接加铺,以免增加桥梁恒载。

(3)水泥混凝土桥面出现断缝、拱胀、错台、起皮、露骨等病害时，应及时处理；损坏面积较大时，应将原铺装整块或整跨凿除，重铺新的铺装层。

(4)桥面防水层如有损坏，应及时修复。

(二)排水系统

(1)桥面的泄水管、排水槽如有堵塞，应及时疏通，并经常保持畅通。

(2)桥面应保持大于1.5%的横坡，以利于桥面排水。

(3)桥梁上设置的封闭式排水系统，应保持各排水管道畅通，排水系统的设备如水泵等应工作正常，若有堵塞应及时疏通，若有损坏则应及时更换。

(三)人行道、栏杆、护栏、防撞墙

(1)人行道块件应牢固、完整，桥面路缘石应经常保持完好状态，若出现松动、缺损应及时进行修整或更换。

(2)桥梁栏杆应经常保持完好状态，栏杆柱应竖立正直，扶手应无损坏、断裂，伸缩缝处的水平杆件应能自由伸缩，栏杆柱、扶手如有缺损，应及时补齐。因栏杆损坏而采用临时防护措施时，使用时间不得超过三个月。

(3)钢筋混凝土栏杆开裂严重或混凝土剥落，应凿除损坏部分，修补完整。

(4)钢质栏杆应涂漆防锈，一般每年一次。

(5)护栏、防撞墙应牢固、可靠，若有损坏应及时修理或更换，钢护栏与钢筋混凝土护栏上的外露钢构件应定期涂漆防锈，一般每年一次。

(6)桥梁两端的栏杆柱或防撞墙端面，涂有立面标记或警示标志的，应定期涂刷，一般一年一次，使油漆颜色保持鲜明。

(四)桥上灯柱

桥上灯柱应保持完好状态，如有缺损和歪斜，应及时修理、扶正，灯具损坏应及时更换，保证夜间照明。

(五)伸缩装置

(1)应经常清除缝内积土、垃圾等杂物，使其发挥正常作用，若有损坏或功能失效应及时修理或更换。

(2)以下几种伸缩装置出现下列病害时,应及时进行更换:①U形锌铁皮伸缩装置的锌铁皮老化、开裂、断裂。②钢板伸缩装置或锯齿钢板伸缩装置的钢板变形、螺栓脱落,伸缩不能正常进行。③橡胶条伸缩装置的橡胶条老化、脱落,固定角钢变形、松动。④板式橡胶伸缩装置的橡胶板老化开裂,预埋螺栓松脱,伸缩失效。

(3)更换的伸缩装置应选型合理,伸缩量应满足桥跨结构变形需要,安装应牢固、平整、不漏水。

(4)维修或更换伸缩装置时,应采取措施维持交通秩序。

(六)桥头搭板、枕梁

桥头搭板脱空、断裂或枕梁下沉引起桥路连接不顺适,出现桥头跳车时,应进行维修处理。

(七)标志、标线和交通安全设施

(1)桥上的交通标志应齐全、醒目、牢固,标志板应保持整洁、无裂纹和残缺,若有损坏及时整修。

(2)交通标线应经常保持完好、清晰,定期进行标线重涂。

(3)桥上的防眩板应保持齐全、整洁,若有损坏应及时整修。

(4)桥上的防护隔离设施应完整、牢固,若有损坏应及时修理。

(5)桥上设置的航空灯、航道灯及供电线路、通信线路必须保持完好状态,如有损坏应立即修复;避雷设备要经常保持完好,接地电阻要符合要求,接地线附近禁止堆放物品,禁止挖取接地线的覆土。

(八)标点、传感器、接线

用于桥梁观测的标点、传感器、接线等应保持完好,如有损坏或故障应及时维修。

二、钢筋混凝土桥梁的养护与加固

(一)日常养护与维修

(1)钢筋混凝土桥梁日常养护维修内容:清除表面污垢;修补混凝土空洞、破损、剥落、表面风化以及裂缝;清除暴露钢筋的锈渍、恢复保护层;处理各种横、纵向构件的开裂、开焊和锈蚀。

保持箱梁的箱内通风,未设通风孔的应补设。梁体的污垢宜用清水洗刷,不得使用有腐蚀性的化学清洗剂。

(2)钢筋混凝土桥梁常见病害及采用的处理方法:①对梁(板)体混凝土的空洞、蜂窝、麻面、表面风化、剥落等应先将松散部分清除,再用高强度等级混凝土、水泥砂浆或其他材料进行修补。新补的混凝土要密实,与原结构应结合牢固并保证表面平整。新补的混凝土必须进行养生。②梁体若发现露筋或保护层剥落,应先将松动的保护层凿去,并清除钢筋锈迹,然后修复保护层。如损坏面积不大可用环氧砂浆修补,如损坏面积过大可用喷射高强度等级水泥砂浆的方法修补。③梁(板)体的横、纵向联结件开裂、断裂、开焊,可采取更换、补焊、帮焊等措施修补。④钢筋混凝土梁桥的裂缝处理:当裂缝的宽度大于限值及裂缝分布超出正常范围时,应作处理(钢筋混凝土梁的裂缝最大限值见《公路桥涵养护规范》(JTG H11—2004)中表3.5.2-4)。当裂缝宽度在限值范围内时,可进行封闭处理,一般涂刷环氧树脂胶。当裂缝宽度大于限值规定时,应采用压力灌浆法灌注环氧树脂胶或其他灌缝材料。当裂缝发展严重时,应加强观测,查明原因,进行加固处理。

(3)空气、雨水、河流水中含有对混凝土和钢筋有侵蚀的化学成分时,应对桥梁结构进行防护。

(4)钢筋混凝土构件的修补。应注意下列问题:①在昼夜平均气温低于5℃的冬季维修桥梁时,对修补的混凝土构件应采取保温措施,保证混凝土的凝固硬化。②用于修补加固的混凝土、钢材,其强度和其他质量指标应不低于原桥材料。修补用的混凝土强度等级应比原强度等级提高一级,在pH值小于5.6的地区,所用水泥应根据环境特点采用耐酸的硅酸盐水泥、抗铝硅酸盐水泥等。③受拉区修补用的混凝土宜用环氧树脂配制,受压区修补用的混凝土可用膨胀水泥配制。用水泥混凝土或砂浆修补的构件应加强养生,有条件时宜用蒸汽养生或封闭养生。

(二)加固方法及适用范围

桥梁加固常采用以下方法:

(1)浇筑钢筋混凝土加大截面加固法。用于加强构件,应注意在加大截面时自重也相应增加。

(2)增加钢筋加固法。用于加强构件,常与方法(1)共同使用。

(3)粘贴钢板加固法。是普遍采用的方法,钢板与原结构必须可靠连接,并作防锈处理。

(4)贴碳纤维、特种玻璃纤维加固法。主要用于提高构件抗弯承载力。使用此法加固几乎不增加原结构自重。

(5)预应力加固法。对于提高构件强度、控制裂缝和变形的作用较好。

(6)改变梁体截面形式加固法。一般是将开口的 T 形截面或Ⅱ形截面转换成箱形截面。

(7)增加横隔板加固法。用于无中横隔或少中横隔梁的加固,可增加桥梁整体刚度、调整荷载横向分配。

(8)在桥下净空和墩台基础受力许可的条件下,采用在梁(板)底下加八字支撑加固法。

(9)桥梁结构由简支变连续加固法进行加固。

(10)当支座设置不当造成梁体受力恶化时,可采用调整支座标高的加固方法。

(11)更换主梁加固法。

三、预应力混凝土梁桥的养护与加固

(一)日常养护与维修

(1)预应力混凝土梁桥日常养护维修范围及内容同钢筋混凝土梁桥,此外应对预应力锚固区的破损及开裂、沿预应力钢束纵向的开裂进行修补。

(2)预应力混凝土梁桥常见病害:①混凝土表面剥落、渗水,梁角破碎、露筋,钢筋锈蚀、局部破损等。②预应力钢束应力损失造成的病害。③预应力混凝土梁出现裂缝。全预应力及部分预应力 A 类构件正常使用条件下不允许出现裂缝，只有 B 类构件允许出现裂缝。裂缝的类型除了与钢筋混凝土梁桥相同的裂缝类型外，还有沿预应力钢束的纵向裂缝、锚固区局部承压的劈裂缝。

(3)常见病害的维修同钢筋混凝土梁桥。对于不允许出现裂缝的桥梁，不论裂缝宽窄，都应查明原因后进行处理或加固。

(二)预应力混凝土梁桥的加固方法

(1)预应力混凝土梁桥的一般加固方法及适用范围同钢筋混凝土梁桥。

(2)因为预应力部分失效而进行加固时，若原结构有预留孔，可在预留孔内穿钢束进行张拉；采用无黏结钢束的可对原钢束重新张拉；或增设齿板，增加体外束进行张拉。

(3)腹板抗剪切强度不够时，可采用加竖向预应力加固。

四、拱桥的养护与加固

(一)日常养护与维修

(1)经常清除表面污垢及圬工砌体因渗水而在表面附着的游离物。

(2)经常疏通泄水管孔，保持桥面及实腹拱拱腔排水畅通。如发现拱桥桥面漏水应及时修补，空腹拱的主拱圈(肋)若发现渗水，应对拱背进行清理，清除可能积水的残渣、堆积物等，并用砂浆等材料抹平或堵塞裂缝。实腹拱若发现主拱圈渗水，应检查拱腔排水系统，必要时可挖开拱上填料，修补防水层，修理排水管道。

(3)主拱及拱式腹拱的拱铰及变形缝应保持正常工作状态。清除弧面铰及变形缝内嵌入的杂物，保持其能自由转动、变形。填缝材料如油毛毡、浸渍沥青的木板等，如有损坏应及时更换。

(4)构件表面缺陷及局部损坏的修补，主要有以下几类：①圬工砌体的边角压碎、砌块断裂、干砌石拱桥砌缝张口等，可用水泥砂浆修补。若个别块体压碎或脱落，应用新的块体填塞更换，更换时应保证嵌挤或填塞紧密。砌缝砂浆若发生脱离,应凿除后重新用干硬性砂浆或微膨胀砂浆填筑,表面重新勾缝。②钢筋混凝土拱构件的表面缺损与裂缝修补参见钢筋混凝土梁桥有关部分。③钢管混凝土拱钢构件表面的防锈涂层应保持完好,并定期重涂,做好养护工作。④实腹拱的侧墙若发生较大变形、开裂,应查明原因并作相应处理。若是填料不实,或拱腔积水,应挖开拱上填料,修补防、排水系统,拆除鼓凸部分侧墙后重新砌筑,重新回填拱上填料及重做路面,也可酌情换用轻质填料或加大侧墙尺寸。若发现侧墙与拱圈之间脱开,或侧墙上有斜向(若是砌体通常沿砌缝成锯齿状)开裂,应检查墩台与主拱的变形。开裂轻微且不再发展的,可作一般修补裂缝处理。若开裂严重或裂缝在发展中,应考虑加固、改造方案。

(5)冬季月平均气温低于 -20 ℃的地区,对淹没于结冰水位的拱圈,应在枯水期从结冰水位以上 50 cm 开始至拱脚涂抹一层防冻环氧砂浆,砂浆表面再涂刷沥青进行保护。

(二)加固方法及适用范围

(1)主拱圈强度不足时,可加大拱圈截面。①从拱腹面加固时,可采用下列方法:粘贴钢板;浇筑钢筋混凝土加大拱肋截面;布设钢筋网用喷射混凝土或水泥砂浆加大拱圈截面;在拱肋间加底板,变双曲拱截面为箱形截面。条件许可时,也可在腹面做衬拱及相应的下部结构。②从拱背面加固时,可在拱脚区段的空腹段背面加大拱圈截面,或拆除拱上建筑,在全拱圈背面加大截面。一般使用混凝土或钢筋混凝土材料。

(2)拱肋、拱上立柱、纵横梁、桁架拱、刚架拱的杆件损坏可用粘钢或复合纤维片材加固。粘钢时可粘贴钢板,也可在四角处粘贴角钢。

(3)用粘钢板或复合纤维片材加固桁架拱、刚架拱及拱上框架的节点。

(4)用嵌入剪力键的方法加固拱圈的环向连接。剪力键一般采用钢板或铸件,按一定间隔布置,其间的裂缝用环氧砂浆等处理。

(5)用加大截面的方法加强拱肋之间的横向连接。采用横拉杆的双曲拱,可把拉杆改为系梁。

(6)更换锈蚀、断丝或滑丝的吊杆。若原构造许可,可以用收紧锚头的方法张拉松弛的系杆或吊杆来调整内力。

(7)在钢管混凝土拱肋拱脚区段或其他构件的外面包裹钢筋混凝土。

(8)改变结构体系以改善结构受力,如在桥下通航许可的前提下加设拉杆。

(9)更换拱上建筑,减轻自重,把实腹拱的拱上填料更换为轻质填料。

(10)用更换桥面板、增加桥面铺装的钢筋网、加厚桥面铺装、换用钢纤维混凝土等方法维修加固桥面。

(11)因墩、台变位引起拱圈开裂时,应先维修、加固墩台,然后修补拱圈。

(12)加固拱桥时,应注意恒载变化对拱压力线的影响及引起的推力变化,对各施工工序应进行验算,并作出详细的施工组织设计,严格按照设计的工序施工。

五、桥梁支座的养护与更换

(一)日常养护

(1)支座各部应保持完整、清洁,每半年至少清扫一次。清除支座周围的油污、垃圾,防止积水、积雪,保证支座正常工作。

(2)滚动支座的滚动面应定期涂润滑油(一般每年一次)。在涂油之前,把滚动面揩擦干净。

(3)对钢支座要进行除锈防腐,除铰轴和滚动面外,其余部分均应涂刷防锈油漆。

(4)及时拧紧钢支座各部接合螺栓,使支承垫板平整、牢固。

(5)防止橡胶支座接触油污引起老化、变质。

(6)滑板支座、盆式橡胶支座的防尘罩,应维护完好,防止尘埃落入或雨、雪渗入支座内。

(二)支座维修与更换

(1)支座如有缺陷或产生故障不能正常工作时,应及时予以修整或更换。有以下几种情况:①支座的固定锚销剪断,滚动面不平整,轴承有裂纹或切口,辊轴大小不合适,混凝土摆柱出现严重开裂、歪斜时,必须更换。②支座座板翘起、变形、断裂时应予更换,焊缝开裂应予整修。③板式橡胶支座出现脱空或不均匀压缩变形时应进行调整。④板式橡胶支座发生过大剪切变形、中间钢板外露、橡胶开裂、老化时应及时更换。⑤油毡垫层支座失去功能时,应及时更换。

(2)调整、更换板式橡胶支座、钢板支座、油毛毡垫层支座时采用如下方法:在支座旁边的梁底或端横隔处设置千斤顶,将梁(板)适当顶起,使支座脱空不受力,然后进行调整或更换。调整完毕或新支座就位正确后,落梁(板)到使用位置。

(3)需要抬高支座时,可根据抬高量的大小选用下列几种方法:①垫入钢板(50 mm 以内)或铸钢板(50~100 mm)。②更换为板式橡胶支座。③就地浇筑钢筋混凝土支座垫石,垫石高度按需要设置,一般应大于 100 mm。

第四节　桥梁下部结构养护

一、墩台基础的养护与加固

(一)日常养护与维修

(1)应采取措施保持桥梁墩台基础附近河床的稳定。在桥梁上下游各 200 m 的范围内(当桥长的 1.5 倍超过 200 m 时,范围应适当扩大)应做到:①应适时地进行河床疏浚。每次洪水过后,应及时清理河床上的漂浮物,使水流顺利渲泄。②在桥下树立警告示牌,禁止任何人或单位在上述范围内挖砂、取土、采石、倾倒废弃物,禁止进行爆破作业及其他危及公路桥梁安全的活动。③不得任意修建对桥梁有害的建筑物,因抢险、防汛需要修筑堤坝、压缩或拓宽河床时,应事先报经交通主管部门或公路管理机构同意,并采取有效的防护措施。发现任何有可能危及桥梁安全的行为,应及时制止。

(2)若基础冲刷过深或基底局部掏空,应立即抛填块石、片石、铅丝石笼等进行维护。

(3)桥下河床铺砌出现局部损坏时应及时维修。若砌块损坏,可补砌或采用混凝土修补。

(4)对设置的防撞、导航、警示等附属设施应经常检查、维护,使其保持良好状态。

(二)加固方法及适用范围

当墩台变位所产生的附加内力影响到桥梁的正常使用和安全时,或桥梁墩台基础自身结构出现大的缺损使承载力不够时,必须进行加固处理。

1.地基承载力不足时的加固

当地基承载力不足时,可采用下列措施进行加固:

(1)重力式基础的加固:①在刚性实体基础周围浇筑混凝土扩大基础。一般应修筑围堰,抽干水后开挖基坑,再浇筑混凝土。新旧基础(承台)之间可埋置连接钢筋,并将旧基础表面刷洗干净、凿毛,使新老混凝土连成整体。②当梁式桥桥台基础承载能力不足时,可在台前增加桩基及柱并浇筑新盖梁、增设支座。这时梁的支点发生变化,应根据结构受力变化对主梁进行验算及加固。③对于拱桥基础可在桥台两侧加设钢筋混凝土实体耳墙,并将耳墙与原桥台用钢销连接起来,增大桥台基础面积,提高桥台承载力。④当桥下净空允许时,可在台前加建新的扩大基础及台身,将主拱改建为变截面拱支承到新基础及台身上。新老基础之间用钢筋或钢销进行连接,有条件时可在台前新基础下增加短桩,以提高承载力。

(2)桩基础的加固:①加桩。可用钻孔桩或打入桩增设基桩,并扩大原承台。②对单排架桩式桥墩采用加桩加固时,如原有桩距较大(4~5 倍桩径),可在桩间插桩;如原有桩距较小,但通航净空有富裕时,可在原排架两侧增加新桩,变为三排式墩桩。③对钻孔灌注桩桩身损坏、露筋、缩颈等病害,可采用灌(压)浆或扩大桩径的方法进行维修加固。

(3)人工地基加固。对墩台基础以下的地层,采用注浆、旋喷注浆或深层搅拌等方法,将各种浆液及加固剂注入或搅拌于土层中,通过浆液凝固使原来松散的土固结,成为有足够强度和防渗性能的整体。所采用的材料应通过试验确定。

2.墩台基础防护加固

墩台基础局部被冲空时,可分情况采取下列加固措施:

(1)水深3 m以下,可筑围堰将水抽干,以砌石或混凝土填补冲空部分。桥台基础采用上述方法加固时,还应修整或加筑护坡。

(2)水深3 m以上,可在基础四周打板桩或做其他围堰,灌注水下混凝土。也可用编织袋装干硬性混凝土(每袋装量为袋容积的2/3),通过潜水作业将袋装混凝土分层填塞冲空部分,填塞范围比基础边缘宽0.4 m以上。

(3)当基础置于风化岩层上,基底外缘已被冲空时,应先清除岩层严重风化部分,再用混凝土填补。对基础周围的风化岩层还应用水泥砂浆进行封闭。

(4)当河床不稳定,基础埋置较浅,冲刷范围较大时,可采用平面防护加固,其范围要覆盖全部冲刷坑。方法如下:打梅花桩,桩间用块、片石砌平卡紧;用块、片石防护或用水泥混凝土板、水泥混凝土预制块防护;用铁丝笼、竹笼等柔性结构防护。

(5)墩台周围河床冲刷严重,危及基础安全时,除分别采用上述方法进行防护加固外,还应在洪水期过后,采取必需的调治构造物防护措施,或对河床采取防冲刷处理,以防再次被冲坏。

3.桥台滑移、倾斜的加固

桥台发生滑移和倾斜时,应分析原因,根据不同情况采用下列加固方案:

(1)梁式桥或陡拱因台背土压力过大,造成桥台向桥孔方向位移时，可采取下列方法进行加固：①挖除台背填土，改用轻质材料回填，减轻台后土压力，以使桥台稳定。拱桥在换填材料时，应维持与拱推力的平衡，如在桥孔设临时拉杆或在后台设临时支撑。②挖去台背填土，加厚台身。③对于单跨的小跨径梁式桥，可在两桥台基础之间增设钢筋混凝土支撑梁或浆砌片石支撑板，支撑顶面应不高于河床。埋置式桥台可采用挡墙、支撑杆或挡块等进行加固。

(2)拱桥桥台产生向台后方向位移时，可根据不同情况采用下列加固方法：①在U形桥台两侧加厚翼墙。翼墙与原桥台应牢固结合，增大桥台断面和自重，借以抵抗水平位移。若为一字型桥台，可增设翼墙变为U形桥台。②当桥台的位移尚未稳定时，可在台后增设小跨引桥和摩擦板，以制止桥台继续位移。③当桥下净空许可时，可在墩台之间设置拉杆承受推力，限制水平位移。对于多孔拱桥，要注意各孔之间的推力平衡。

(3)拱桥在加固墩、台时，必须保持推力平衡，注意安全。

4.墩台基础沉降的加固

若桥梁墩台发生了较明显的沉降、位移，除按本节前述的方法加固外，还可采用下述方法使上部结构复位：

(1)梁式桥上部结构状况基本完好，桥面没有损坏，下部地基较好时，可对上部结构整体或单孔顶升，然后加设垫块、调整支座。

(2)梁式桥上部结构状况基本完好，但桥面损坏严重时，可凿除桥面及主梁之间的连接，将主梁逐一移位，加厚盖梁，重新安装主梁，并重新铺装桥面。

(3)拱桥桥台发生位移，使拱轴线变形较大，承载能力不足时，可采用顶推方法调整拱轴线，恢复其承载能力。

二、墩台的养护与加固

(一)日常养护与维修

(1)保持墩台表面整洁，及时清除墩台表面的青苔、杂草、灌木和污秽。

（2）对发生灰缝脱落的圬工砌体，应清除缝内杂物，重新用水泥砂浆勾缝。

（3）墩、台身圬工砌体表面风化剥落或损坏时，损坏深度在 3 cm 以内的，可用水泥砂浆抹面修补，砂浆强度等级一般不应低于 M5。当损坏面积较大且深度超过 3 cm 时，不得用砂浆修补，而须采用挂网喷浆或浇筑混凝土的方法加固。

（4）圬工砌体镶面部分严重风化和损坏时，应用石料或混凝土预制块补砌、更换，新老部分要结合牢固，色泽质地应与原砌体基本一致。

（5）墩台身圬工砌体的砌块如出现裂缝，应拆除后重新砌筑。

（6）墩、台表面发生侵蚀剥落、蜂窝麻面、裂缝、露筋等病害时，应采用水泥砂浆修补。因受行车震动影响，不易用水泥砂浆补牢的，应考虑采用环氧树脂或其他聚合物混凝土进行修补。

（7）墩、台混凝土裂缝宽度超过限值时，裂缝的修补可采用钢筋混凝土梁的裂缝处理方法。

（二）加固方法及适用范围

（1）由于活动支座失灵而造成墩台拉裂的，应修复或更换支座，并按上述方法修补裂缝。

（2）墩台身发生纵向贯通裂缝时，可采用钢筋混凝土围带、粘贴钢板箍或加大墩台截面的方法进行加固。

（3）因基础不均匀下沉引起墩、台自下而上的裂缝时，应先加固基础，再采用灌缝或加箍的方法进行加固。

（4）U 形桥台的翼墙外倾时，可在横向钻孔加设钢拉杆，钢拉杆固定在翼墙外壁的型钢或钢筋混凝土梁柱上。

（5）当墩台损坏严重，如出现大面积开裂、破损、风化、剥落时，一般可用钢筋混凝土“箍套”加固；对结构基本完好，但承载能力不足的圆柱形墩柱可用包裹碳纤维片材的方法加固。

（6）钢筋混凝土墩台出现缺损，而墩台身处于常水位以下时，可根据不同情况采用围堰抽水或水下作业的方法进行修补。

三、锥坡、翼墙的养护

(1)锥坡应保持完好。锥坡开裂、沉陷、受洪水冲空时,应及时采取措施进行维修加固。

(2)翼墙出现下沉、断裂或其他损坏时,应及时维修加固。

第五节　涵洞养护

涵洞养护工作要确保涵洞行车安全、排水顺畅和排放适当;保持涵洞结构及填土完好;维护涵洞表面清洁、不漏水。

涵洞养护工作内容包括:经常检查和定期检查,日常养护、维修、加固与改建。涵洞开挖维修时,应维持好交通,并设立安全标志及护栏。

一、涵洞的检查

涵洞的检查分为经常检查和定期检查。

(一)经常检查

(1)经常检查每月至少进行两次,在洪水、冰雪前后及行洪期间应加强检查。

(2)经常检查内容包括:进水口是否堵塞、沉砂井有无淤积、洞内有无淤塞及排水不畅;洞口周围是否有杂物堆积,涵洞是否清洁、漏水;周围路基填土是否稳定和完整;涵洞结构是否有损坏。

(3)经常检查中发现有排水堵塞或有较大损坏需要进行维修的,应做好记录并及时报告。

(二)定期检查

(1)定期检查每年至少进行一次,在接到较大损坏情况的报告后应增加检查次数。

(2)定期检查内容包括:①涵洞的过水能力,包括涵洞的位置是否适当,孔径是否足够,涵底纵坡是否合适。若过水能力明显不足,经常造成内涝及路基损毁的，应考虑改造。②进水口铺砌、翼墙、护坡、挡水墙、沉砂井等是否完整，洞口连接是否平整顺适。③出水口铺砌、挡水墙、翼墙、护坡等是否完整，排水是否顺畅。④涵体侧墙是否渗漏水、开裂、变形或倾斜，墙身砌体砂浆是否脱落、石块是否松动，基础是否冲刷淘空。⑤涵身顶部盖板或拱顶是否开裂、漏水、变形下挠，拱顶砌块是否松动脱落。⑥涵底是否淤塞阻水，涵底铺砌是否完整。⑦洞口附近填土是否有渗水、冲刷、空洞，填土是否稳定。⑧涵洞顶路面是否开裂、下沉，行车是否安全。

(3)定期检查中，检查人员应当场填写“涵洞定期检查表”(见本章附录D)；实地查明损坏情况，根据涵洞的技术状况及排水适应状况，参照桥梁技术状况评定标准相关结构类型，对涵洞的技术状况综合做出好、较好、较差、差、危险等五个级别的评定；提出日常养护、维修、加固、改建等建议。

二、涵洞的日常养护

(1)涵洞的洞口应保持清洁，发现杂物堆积应及时清除。涵洞内应保持排水畅通，发现淤塞及时疏通。

(2)洞口和涵洞内如有积雪应尽快清除，被清除的积雪堆放在路基边沟以外。

(3)涵底铺砌、洞口上下游路基护坡、引水沟、汇水槽、沉砂井发生变形时，应及时修理。

(4)涵底铺砌出现冲刷损坏、下沉、缺口时应及时修复。路基填土出现渗水、缺口时应及时封塞填平。

(5)涵底和涵墙出现渗漏水时，应查明原因，分别采取下列方法处治：①疏通水道，使洞口铺砌与上下游水槽坡道平齐顺适。②保持洞内底面平顺，并有适当的纵坡。③用水泥砂浆对涵底和涵墙重新勾缝。

(6)涵洞出水口的跌水构造应与洞口结合成整体，若有裂缝及时填塞。

(7)浆砌石拱涵的砌体表面风化、开裂、灰缝剥落，局部石块松动、脱落，或砌体渗漏水，可分别按下列方法处理：①用水泥砂浆重新勾缝，或局部拆除后重砌。②表面抹浆或喷浆。③在砌体背后压注水泥砂浆或化学浆液。④加设涵内衬砌。⑤挖开填土，对砌体进行维修处治，并加设防水层。

(8)混凝土管涵的接头处和有铰接缝处发生填缝料脱落，引起路基渗水时，应及时封堵处理。可用干燥麻絮浸透沥青后填实，或用其他粘弹性材料封堵，不宜用灰浆抹缝，以免再次脱落。

(9)压力式涵洞进水口周围路堤发现渗流、空洞、缺口或冲刷现象时，应及时进行修补处理。洞口周围路基可用不透水粘性土封堵，洞前做铺砌或修挡水墙。

(10)压力式涵洞或倒虹吸管的涵顶路面出现浸渍时，应及时处理。可采用对涵内顶部表面抹浆、喷浆或衬砌的方法处理。

三、涵洞的维修及改建

(1)涵洞进、出水口处已严重冲刷的，可采用下列方法维修：①位于陡坡上的涵洞或直接受水流冲击的涵洞，其入口处应采取适当的防护措施。②用浆砌块石铺底，并用水泥砂浆勾缝。铺砌长度视土质和流速而定，铺砌的末端应设置混凝土或浆砌块石抑水墙。③流速特别大的涵洞，应在出水口加设消力设施，如消力槛、消力池等。消力槛的末端应设置混凝土或浆砌块石抑水墙，或设置三级挑槛。

(2)涵洞经常发生泥砂淤积时，在进水口设沉砂井，以沉淀泥砂、杂物。

(3)管涵的管节因基础沉陷而发生严重错裂时，应挖开填土处理地基，再重建基础。也可直接采用对地基及基础压浆的方法处理。有铰涵管如变形大于直径的1/20时，应查明原因进行处理。

(4)波纹管涵发生涵管沉陷、变形时，应挖开填土进行修理。管底应按土质情况做好垫层，管上加铺一层防水层，并注意对回填土分层夯实。

(5)涵洞的侧墙和翼墙，如有倾斜变形发生，应查明原因后加以处理；如因填土未夯实发生沉落，或填土中水分过多、土压力增大而引起的，应更换透水性好的填土并夯实；如属基础变形引起的，则需要修理或加固基础。

(6)因加宽或加高路基导致涵洞长度不足时，应接长处理。一般可将原涵洞洞身接长，两端新建洞口端墙和路基护坡；当路基加高、加宽不多时，也可采用只加高两端洞口端墙或加高加长洞口翼墙的方法。

(7)承载力不足的涵洞应进行加固或改建，可分别采用下列方法：①挖开填土，用混凝土或钢筋混凝土加大原涵洞断面。②涵内用混凝土或钢筋混凝土预制块衬砌加固或用现浇衬砌进行加固。③挖开填土，用新构件分段进行更换改建。

(8)当涵洞位置不当、过水能力不足时应进行改建。改建施工宜分段进行，并做好接缝的防水处理。

附录 A　桥梁基本状况卡片

A. 行政识别数据

1	路线编号		2	路线名称		3	路线等级	
4	桥梁编号		5	桥梁名称		6	桥位桩号	
7	功能类型		8	下穿通道名		9	下穿通道桩号	
10	设计荷载		11	通行载重		12	弯斜坡度	
13	桥面铺装		14	管养单位		15	建成年限	

B. 结构技术数据

16	桥长(m)		17	桥面总宽(m)		18	车行道宽(m)	
19	桥面标高(m)		20	桥下净高(m)		21	桥上净高(m)	
22	引道总宽(m)		23	引道路面宽(m)		24	引道线形	

上部结构	25	孔号					下部结构	29	墩台					
	26	形式						30	形式					
	27	跨径(m)						31	材料					
	28	材料						32	基础形式					

33	伸缩缝类型		34	支座形式		35	地震动峰值加速度系数	
36	桥台护坡		37	护墩体		38	调治构造物	
39	常水位		40	设计水位		41	历史洪水位	

C. 档案资料(全、不全或无)

42	设计图纸		43	设计文件		44	施工文件	
45	竣工图纸		46	验收文件		47	行政文件	
48	定期检查报告		49	特殊检查报告		50	历次维修资料	
51	档案号		52	存档案		53	建档年/月	

D. 最近技术状况评定

54	55	56	57	58	59	60	61	62	63	64
检查年月	定期或特殊检查	全桥评定等级	桥台与基础	桥墩与基础	地基冲刷	上部结构	支座	经常保养小修	处治对策	下次检查年份

(桥梁基本状况卡片正页)

E. 修建工程记录

65 施工日期		66	修建类别	67	修建原因	68	工程范围	69	工程费用(万元)	70	经费来源	71	质量评定	72	建设单位	73	设计单位	74	施工单位	75	监理单位
开工	竣工																				

76	备注

F	桥梁照片	77	立面照		78	桥面正面照	
79	主管负责人		80	填卡人		81	填卡日期	年 月 日

（桥梁基本状况卡片背页）

附录 B　桥梁经常检查记录表

管理单位：

路线编码		路线名称		桥位桩号	
桥梁编码		桥梁名称		养护单位	
部件名称	缺损类型	缺损范围		保养措施意见	
翼墙					
锥坡、护坡					
桥台及基础					
桥墩及基础					
地基冲刷					
支座					
上部机构异常变形					
桥与路连接					
伸缩缝					
桥面铺装					
人行道、缘石					
栏杆、护栏					
标志、标线					
排水设施					
照明系统					
桥面清洁					
调治构造物					
（其他）					
负责人		记录人		检查日期	年　月　日

附录C　桥梁定期检查记录表

（县级公路管理机构名称）

1.路线编码		2.路线名称		3.桥位桩号	
4.桥梁编码		5.桥梁名称		6.下穿通道名	
7.桥长(m)		8.主跨结构		9.最大跨径(m)	
10.管养单位		11.建成年月		12.上次大中修日期	
13.上次检查日期		14.本次检查日期		15.气候	

16.部件号	17.部件名称	18.评价(0~5)	19.特别检查	20.维修范围	21.维修方式	22.维修时间	23.费用(元)
1	翼墙、耳墙						
2	锥坡、护坡						
3	桥台及基础						
4	桥墩及基础						
5	地基冲刷						
6	支座						
7	上部主要承重构件						
8	上部一般承重构件						
9	桥面铺装						
10	桥头跳车						
11	伸缩缝						
12	人行道						
13	栏杆、护栏						
14	照明、标志						
15	排水设施						
16	调治构造物						
17	其他						

24.总体状况评定等级		25.全桥清洁状况评分		26.保养、小修状况评分	
27.经常性养护建议					
28.记录人		29.负责人		30.下次检查时间	
31.缺损说明					

续附录 C

部件号	部件名称	缺损位置	缺损状况 (类型、性质、范围、程度)	照片或图片 (编号/年)
1	翼墙、耳墙			
2	锥坡、护坡			
3	桥台及基础			
4	桥墩及基础			
5	地基冲刷			
6	支座			
7	上部主要承重构件			
8	上部一般承重构件			
9	桥面铺装			
10	桥头跳车			
11	伸缩缝			
12	人行道			
13	栏杆、护栏			
14	照明、标志			
15	排水设施			
16	调治构造物			
17	其他			

附录D　涵洞定期检查表

1.路线编号		2.路线名称		3.涵洞桩号	
4.养护单位		5.涵洞类型		6.检查时间	

7.序号	8.部件名称	9.损坏或需维修情况描述	10.维修建议(方式、范围、时间)
1	进水口		
2	出水口		
3	涵身两侧		
4	涵身顶部		
5	涵底铺砌		
6	涵附近填土		

11.涵洞技术状况总评	好	较好	较差	差	危险

12.养护方案	日常养护	维修	加固	改建	13.下次检查时间	年　月

14.备注

主管负责人		检查人		检查时间	年　月　日

第九章　道路交通标志和标线

交通标志和标线是确保公路畅通和安全行车的必不可少的主要设施。随着公路等级的提高，车速的加快，高速行驶的汽车就需要以路面上的各种标志、标线来指示和诱导行驶以确保安全。

第一节　概　述

一、设置依据

1999 年发布实施的《道路交通标志与标线》(GB5768—1999)是各级公路上设置标志、标线的依据。

二、标志色

道路交通标志色主要有：

(1)警告标志：黄底、黑边、黑图案。

(2)禁令标志：白底红圈、黑图案、图压杠。

(3)指示标志：蓝底白图案。

(4)指路标志：一般道路为蓝底白图案，高速公路为绿底白图案。

(5)辅助标志：白底、黑字、黑边框。

三、标志形状

道路交通标志形状主要有：

(1)警告标志：等边三角形顶角向上。

(2)禁令标志：等边三角形顶角向下和圆形两种。

(3)指示标志：圆形、正方形、长方形三种。

(4)指路标志:长方形和正方形两种。

四、标志尺寸

依据道路计算行车速度,按《道路交通标志与标线》(GB5768—1999)的规定选定。

第二节　一般道路标志、标线设置

交通标志和标线是道路上具体体现交通管理法规的交通管制措施,是车辆行驶时的“道路语言”。如果光有道路而没有“道路语言”,交通是不可能安全畅通的。完善的“道路语言”对改善交通安全状况起着不可忽视的重要作用。

一、道路交通标志

道路交通标志分为主标志和辅助标志两大类,主标志又分为警告标志、禁令标志、指示标志、指路标志、旅游区标志、道路施工安全标志。

(一)警告标志

1. 警告标志的概念

警告标志是警告车辆驾驶员、行人注意危险的标志,设置在驶入路段上,共有 30 种。

2. 警告标志的种类和设置地点

警告标志的种类和设置地点如下:

(1)交叉路口标志:设在视线不良的平交路口驶入路段的适当位置。

(2)急弯路标志:设在计算行车速度小于 60 km/h,平曲线半径等于或小于一般最小半径,及停车视距小于规定的视距所要求的曲线起点的外面,但不得进入相邻的圆曲线内。

(3)反向弯路标志:设在计算行车速度小于 60 km/h,两相邻反向平曲线半径小于或有一个半径小于一般最小半径，且圆曲线间的距离等于或小于规定的最短缓和曲线长度，或超高缓和段长度的两反向曲线起点的外面，但不得进入相邻的圆曲线内。

(4)连续弯路标志：设在计算行车速度小于 60 km/h，连续有三个或三个以上，小于一般最小半径的反向曲线，且各圆曲线间的距离等于或小于最短缓和曲线长度或超高缓和段长度的连续弯路起点的外面。当弯路总长度大于 500 m 时，应重复设置。

(5)陡坡标志：设在坡度大于 7% 的纵坡坡脚和坡顶以前适当位置，但在不利地形或连续的上、下坡可能危及行车安全的地方也可设置。

(6)窄路标志：设在车行道变窄，或车道数减少的路段以前适当位置。

(7)窄桥标志：设在桥面净宽较两端路面宽度窄的桥梁以前适当位置。

(8)双向交通标志：设在有双向分离行驶，因某种原因出现临时性，或永久性的不分离双向行驶的路段，或由单向行驶进入双向行驶的路段以前适当位置。

(9)注意行人标志：设在行人密集，或不易被驾驶员发现的人行横道线以前适当位置。

(10)注意儿童标志：设在小学、幼儿园、少年宫等儿童经常出入地点前适当位置。

(11)注意牲畜标志：设在公路上经常有牲畜横穿、出入的地点前适当位置。

(12)注意信号灯标志：设在驾驶员不易发现前方为信号灯控制路口，或由高速公路驶入一般道路的第一个信号灯控制路口以前适当位置。

(13)注意落石标志：设在有落石危险的傍山路段以前适当位置。

(14)注意横风标志：设在经常有很强的侧向风的路段以前适当位置。

(15)易滑标志:设在路滑容易发生事故的路段以前适当位置。

(16)傍山险路标志:设在傍山险路路段以前适当位置。

(17)堤坝路标志:设在沿水库、湖泊、河流等堤坝道路以前适当位置。

(18)村庄标志:设在紧靠村庄、集镇且视线不良的路段以前适当位置。

(19)隧道标志:设在双向行驶、照明不好的隧道口前适当位置。

(20)渡口标志:设在车辆渡口以前适当位置。

(21)驼峰桥标志:设在拱度较大、影响视距的驼峰桥以前适当位置。

(22)路面不平标志:设在路面颠簸路段或桥头跳车较多的地点以前适当位置。

(23)过水路面(或漫水桥)标志:设在过水路面、或漫水桥路段以前适当位置。

(24)铁路道口标志:有人看守铁路道口标志设在车辆驾驶人不易发现的道口以前适当位置;无人看守铁路道口标志,设在无人看守铁路道口以前适当位置。与如下两种符号配合使用:①叉形符号:表示多股铁道与道路交叉,该符号颜色为白底红边,设在铁路道口标志上端。叉形符号交叉点到警告标志三角形顶点的距离为 40 cm。②斜杠符号:表示铁路道口的距离。在无人看守的铁路道口,凡路面上没有标划“近铁路平交道口标线”时,应在“无人看守铁路道口”标志下设斜杠符号。斜杠符号共有三道,一道斜杠的标志设在距铁路道口 50 m 的位置;二道、三道斜杠标志分别设在距铁路道口 100 m 和 150 m 的位置。

(25)注意非机动车标志:设在经常有非机动车横穿、出入的地点前适当位置。

(26)事故易发路段标志:设在交通事故易发路段以前适当位置。

(27)慢行标志:设在前方需要减速慢行的路段以前适当位置。

(28)注意障碍物标志:设在道路障碍物前适当位置。

(29)施工标志:可以作为临时标志支设在施工路段以前适当位置。

(30)注意危险标志:设在以上标志不能包括的其他危险路段以前适当位置。

警告标志到危险地点的距离依据道路计算行车速度确定,计算行车速度为 71～99 km/h 的,标志到危险地点的距离为 100～200 m;计算行车速度为 40～70 km/h 的,标志到危险地点的距离为 50～100 m;计算行车速度＜40 km/h 的,标志到危险地点的距离为 20～50 m。

(二)禁令标志

1.禁令标志的概念、颜色、形状及尺寸

(1)禁令标志是对车辆、行人实行某种禁止或限制的标志,设在出入口的路段上,共 36 种。

(2)禁令标志的颜色,除个别标志外,均为白底、红圈、红杠、黑图案,并且图案压杠。形状为圆形、八角形、顶角向下的等边三角形。

(3)禁令标志的尺寸的最小值依据道路计算行车速度选定。

2.禁令标志的种类和设置地点

禁令标志的种类和设置地点如下:

(1)禁止通行标志:设在禁止一切车辆、行人通行的道路入口附近。

(2)禁止驶入标志:设在禁止驶入的路段入口,或单行路的出口处。

(3)禁止机动车辆通行标志:设在禁止机动车通行路段的入口处。有时间、车种等特殊规定时,应用辅助标志说明。

(4)禁止载货汽车通行标志:设在禁止载货汽车通行路段的入口处。对通行的载货汽车有载重量限制时,应用辅助标志说明。

(5)禁止三轮机动车通行标志:设在禁止三轮机动车通行路段的入口处。

(6)禁止大型或小型客车通行标志:设在禁止大型或小型客车通

行路段的入口处。

(7)禁止汽车拖、挂车通行标志:设在禁止汽车拖、挂车通行路段的入口处。

(8)禁止拖拉机通行标志:设在禁止各类拖拉机通行路段的入口处。

(9)禁止农用运输车通行标志:设在禁止农用运输车通行路段的入口处。

(10)禁止两轮摩托车通行标志:设在禁止两轮摩托车通行路段的入口处。

(11)禁止某两种车通行标志:设在禁止某两种车通行路段的入口处。

(12)禁止非机动车通行标志:设在禁止非机动车通行路段的入口处。

(13)禁止畜力车通行标志:设在禁止畜力车通行路段的入口处。

(14)禁止人力(客、货)三轮车通行标志:设在禁止人力(客、货)三轮车通行路段的入口处。

(15)禁止人力车通行标志:设在禁止人力车通行路段的入口处。

(16)禁止骑自行车下坡(或上坡)标志:设在骑自行车下坡(或上坡)有危险的地方。

(17)禁止行人通行标志:设在禁止行人通行的地方。

(18)禁止向左(或向右)转弯标志:设在禁止向左(或向右)转弯的路口以前适当位置。

(19)禁止直行标志:设在禁止直行的路口以前适当位置。

(20)禁止向左向右转弯标志:设在禁止向左向右转弯的路口以前适当位置。

(21)禁止直行和向左转弯(或直行和向右转弯)标志:设在禁止直行和向左转弯(或直行和向右转弯)的路口以前适当位置。

(22)禁止掉头标志:设在禁止机动车掉头路段的起点和路口以前适当位置。

(23)禁止超车标志:设在禁止超车路段的起点。

(24)解除禁止超车标志:设在禁止超车路段的终点,标志颜色为白色、黑圈、黑细斜杠、黑图案。

(25)禁止车辆停放标志:表示在限定的范围内,禁止一切车辆临时或长时停放。设在禁止车辆停放的地方。该标志为蓝底、红圈、红斜杠。

(26)禁止鸣喇叭标志:设在需要禁止机动车鸣喇叭的地方。

(27)限制宽度标志:设在最大容许宽度受限制的地方。

(28)限制高度标志:设在最大容许高度受限制的地方。

(29)限制质量标志:设在需要限制车辆质量的桥梁两端。

(30)限制轴重标志:设在需要限制车辆轴重的桥梁两端。

(31)限制速度标志:设在需要限制车辆速度的路段的起点。

(32)解除限制速度标志:设在限制车辆速度路段的终点。标志颜色为白底、黑圈、黑细斜杠、黑字。

(33)停车检查标志:设在需要机动车停车受检的地点。

(34)停车让行标志:表示车辆必须在停止线以外停车观察,确认安全后,才准许通行。标志形状为八角形,颜色为红底、白字。在下列情况下设置:①与交通量较大的干路平交的支路路口;②无人看守的铁路道口;③其他需要设置的地方。

(35)减速让行标志:设于视线良好的交叉道路次要道路路口。标志形状为倒三角形,颜色为白底、红边、黑字。在下列情况下设置:①与交通量不大的干路交叉的支路路口;②其他需要设置的地方。

(36)会车让行标志:表示车辆会车时,必须停车让对方车先行。在下列情况下设置:①会车有困难的狭窄路段的一端;②由于某种原因只能开放一条车道,作为双向通行路段的一端。

(三)指示标志

1.指示标志的概念、颜色、形状及尺寸

(1)指示标志是指示车辆、行人通行的标志,设在入口的路段上,共17种。

(2)指示标志的颜色为蓝底、白图案。

(3)指示标志的形状分为圆形、长方形和正方形。

(4)指示标志的尺寸根据道路计算行车速度选取。

2. 指示标志的种类和设置地点

指示标志的种类和设置地点如下:

(1)直行标志:设在必须直行的路口以前适当位置。

(2)向左(右)转弯标志:设在车辆必须向左(右)转弯的路口以前适当位置。

(3)直行和向左转弯(或直行和向右转弯)标志:设在车辆必须直行或向左转弯(或直行和向右转弯)的路口以前适当位置。

(4)向左和向右转弯标志:设在车辆必须向左或向右转弯的路口以前适当位置。

(5)靠右侧(或左侧)道路行驶标志:设在车辆必须靠右侧(或左侧)道路行驶的地方。

(6)立交行驶路线标志:设在立交桥左转弯(或右转弯)出口处适当位置。

(7)环岛行驶标志:设在环岛面向路口来车方向的适当位置。

(8)单行路标志:表示一切车辆单向行驶,设在单行路的路口和入口处的适当位置。有时间、车种等特殊规定时,应用辅助标志说明或附加图案。

(9)步行标志:设在步行街的两端。

(10)鸣喇叭标志:设在公路的急弯、陡坡等视线不良路段的起点。

(11)最低限速标志:设在高速公路或其他道路限速路段的起点及各立交入口后的适当位置。

(12)干路先行标志:设在有停车让行标志的干路路口以前适当位置。

(13)会车先行标志:设在有会车让行标志路段的另一端。

(14)人行横道标志:设在人行横道线两端适当位置。

(15)车道行驶方向标志:设在导向车道以前适当位置。

(16)专用车道标志:用以告示前方车道专供指定车辆通行,不准其他车辆及行人进入,分以下 5 种:①公交线路专用车道标志:设在进入该车道的起点及各交叉口入口前适当位置。②机动车行驶标志:设在该道路的起点及各交叉路口和入口处前适当位置。③机动车车道标志:设在该车道的起点及各交叉路口和入口处前适当位置。④非机动车标志:设在非机动车行驶的道路及各交叉路口和入口处前适当位置。⑤非机动车车道标志:设在该车道的起点及各交叉路口和入口处前适当位置。

(17)允许掉头标志:设在允许机动车掉头路段的起点和路口以前适当位置。

(四)指路标志

1.指路标志的概念、颜色、形状及其他

(1)指路标志是传递道路方向、地点、距离等信息的标志,共 17 种。

(2)指路标志的颜色,一般道路为蓝底、白图案,高速公路为绿底、白图案。

(3)指路标志的形状,除地点识别标志、里程碑、分合流标志外,其余均为长方形和正方形。

(4)指路标志的汉字采用标准黑体(简体),字宽与字高相等,汉字高度依据道路计算行车速度确定。计算行车速度为 71~99 km/h 的,字高为 50~60 cm;计算行车速度为 40~70 km/h 的,字高为 40~50 cm;计算行车速度<40 km/h 的,字高为 25~30 cm。

(5)指路标志的阿拉伯数字和拼音字、拉丁字或少数民族文字的高度应根据汉字高度确定。

(6)指路标志的汉字或其他文字的间隔、行距等应符合《道路交通标志与标线》(GB5768—1999)中规定的与字高的比例关系。

(7)指路标志外边框和衬底边的尺寸依据道路计算行车速度确定。

2. 道路指路标志的种类和设置地点

道路指路标志的种类和设置地点如下：

(1)地名标志：设在道路沿线经过的市、县、镇、村的边缘处。

(2)著名地点标志：设在道路沿线经过的名胜古迹、疗养地、大桥、隧道和垭口等著名地点。

(3)分界标志：设在行政区划的分界处，分界牌与行车方向垂直；或设在道路养护段、道班管辖范围分界处，分界牌与行车方向平行。

(4)道路编号标志：道路编号标志分别设在国道、省道、县道的起点及沿途的各交叉路口前适当位置。也可把道路编号标志放到方向地点标志中使用。国道编号标志，颜色为红底白字白边；省道编号标志，颜色为黄底黑字黑边；县道编号标志，颜色为白底黑字黑边。

道路编号标志又包括行驶方向标志在内。行驶方向标志属于道路编号标志的附属标志，位于道路编号标志之下，设于交叉口附近。

(5)交叉路口标志：交叉路口标志包括以下 6 种标志类型。①交叉路口预告标志：设在距交叉口前 300～500 m 处。②十字交叉路口标志：设在距十字交叉路口前 30～50 m 处。③丁字交叉路口标志：设在距丁字交叉路口前 30～50 m 处。④环形交叉路口标志：设在距环形交叉路口 30 m 处，或设在对着路口前的环岛上。⑤互通式立交标志：设在互通式立交以前适当位置。⑥分岔处标志：设在互通式立交通道分岔处。

(6)地点、距离标志：预告道路前方所要经过的重要城镇的地名和距离。地名应由近而远、从上而下排列。此标志设在道路沿线，一般每经过一个交叉口应设置一次。

(7)地点识别标志：主要的地点识别标志有火车站、飞机场、停车场、长途汽车站、急救站、客轮码头、名胜古迹和风景游览区、加油站、洗车服务、轮渡、地铁站、餐饮服务、汽车修理等识别标志。各类地点标识标志分别设在通往上述地点的路口。

(8)告示牌：以维护交通畅通、防止发生交通事故为目的，在需要强化交通管理的路段，应视实际需要选择设置以下告示牌：路滑慢行、陡坡慢行、多雾路段、软基路段、大型车靠右、注意横风、事故易发点、连续下坡、隧道、保护动物等告示牌。

(9)百米桩:设在公路前进方向的右侧各里程碑之间,每 100 m 设一个。百米桩柱体为白色,国道用红字,省道用蓝字,县道用黑字。

(10)里程碑:设于公路前进方向的右侧,每隔 1 km 设一块。里程碑碑体为白色,国道用红字,省道用蓝字,县道用黑字。

(11)公路界碑:设在公路两侧用地范围分界线上。一般每隔 200~500 m 设置一块,曲线段可适当加密。界碑为白色,字用黑色。

(12)停车场标志:设在停车场入口附近。

(13)避车道标志:设于双向错车困难路段距避车道 150 m 附近。

(14)人行天桥标志、人行地下通道标志:设在天桥、地下通道入口附近,并可附设辅助标志指示入口方向或距离。

(15)绕行标志:用于指示前方路口车辆绕行的正确行驶路线,设于实施交通管制路口前适当位置。

(16)此路不通标志:用于指示前方道路为死胡同,无出口,不能通行。

(17)残疾人专用设施标志:设在残疾人专用设施附近适当位置。

(五)旅游区标志

1.旅游区标志的概念、颜色及尺寸

(1)为吸引和指示人们从高速公路或其他道路上前往邻近的旅游区,应在通往旅游景点的叉路口设置一系列旅游标志,使旅游者能方便地识别通往旅游区的方向和距离,了解旅游项目的类别。

(2)旅游区标志的颜色为棕色、白底、白色字符。

(3)旅游指引标志的尺寸应根据速度确定字高,再根据字数和图案确定版面大小。旅游符号的尺寸一般采用 60 cm×60 cm,也可根据需要放大或缩小。

2.旅游区标志的种类和设置地点

旅游区标志的种类和设置地点如下:

(1)指引标志:提供旅游区的名称、有代表性的图案及前往旅游区的方向和距离。设在高速公路出口附近及通往旅游区各连接道路的交叉口附近。

(2)旅游符号:提供旅游项目类别,具有代表性的符号及前往各旅游景点的指引。设在高速公路或其他道路通往旅游景点的交叉口附近,或在大型的服务区内通往各旅游景点的路口。

旅游符号有:问询处、徒步、索道、野营地、营火、游戏场、骑马、钓鱼、高尔夫球、潜水、游泳、划船、冬季浏览区、滑雪、滑冰等各类符号。

(六)道路施工安全标志

(1)路栏:用以阻挡车辆及行人前进或指示改道。设在道路施工、养护、落石、塌方而导致交通阻断路段的两端或周围。

(2)锥形交通路标:与路栏配合,用以阻挡或分配交通流、设在需要临时分隔车流、引导交通、指引车辆绕过危险路段、保护施工现场设施和人员等场所周围或前方适当地点。

(3)施工警告灯号:用于警告车辆驾驶人前方道路施工,应减速慢行。设于夜间施工路段附近。

(4)道口标柱:设在公路沿线较小交叉路口两侧,用来提醒主线车辆提高警觉,防范在小路口车辆突然出现而造成意外。

(5)施工区标志:用以通告高速公路及一般道路交通阻断、绕行等情况。设在道路施工、养护路段前适当位置。

(6)移动性施工标志:用以警告前方道路有作业车正在施工,车辆驾驶人应减速或变换车道行驶。悬挂于工程车辆及机械的后部。

(七)辅助标志

1.辅助标志的概念、颜色、形状及其他

(1)凡主标志无法完整表达或指示其规定时,为维护行车安全与交通畅通之需要,应设置辅助标志。

(2)辅助标志的颜色为白色、黑字、黑边框。

(3)辅助标志的形状为长方形。其尺寸由字高、字数确定、以字高 10 cm 为下限值。

(4)辅助标志安装在主标志下面,紧靠主标志下缘。

2. 辅助标志的种类和使用方法

(1)表示时间:根据需要,对某些标志规定时间的范围。

(2)表示车辆种类:根据需要,对某些标志规定车辆的种类。

(3)表示区域或距离:根据需要,对某些标志规定区间距离或区域。

(4)表示警告、禁令理由。

(5)组合辅助标志:如果在主标志下需要安装两块以上辅助标志牌时,可采用组合辅助标志。

(八)交通标志的支持方式

1. 柱式

柱式标志内缘距路面(或土路肩)边缘不得小于 25 cm,标志牌下缘距路面的高度为 100～250 cm。柱式标志可分为以下两种:

(1)单柱式。标志牌安装在一根立柱上,适用于中、小型尺寸的警告、禁令、指示等标志。

(2)双柱式。标志牌安装在两根立柱上,适用于长方形的指示或指路标志。

2. 悬臂式

悬臂式标志牌安装于悬臂上,标志下缘离地面的高度,至少按道路的净空高度设置。悬臂式标志适用于:

(1)柱式标志安装有困难时;

(2)道路较宽、交通量较大、外侧车道大型车辆阻挡内侧车道小型车辆视线时;

(3)视距受限制时;

(4)景观上有要求时。

3. 门架式

门架式标志安装在门架上,标志下缘距路面的高度,至少按道路的净空高度设置。门架式标志适用于:

(1)多车道道路(同向三车道以上)需要分别指示各车道去向时;

(2)道路较宽、交通量较大、外侧车道大型车辆阻挡内侧车道小型车辆视线时;

(3)互通式立交间隔距离较近、标志设置密集之处；

(4)受空间限制，柱式、悬臂式标志安装有困难时；

(5)车道变换频繁，出口匝道为多车道者；

(6)景观上有要求时。

4.附着式

附着式标志安装在上跨桥和附近构造物上，附着式标志的安装高度也应符合净空的要求。

二、道路交通标线

道路交通标线是由标划于路面上的各种线条、箭头、文字、立面标记、突起路标和轮廓标等所构成的交通安全设施。它的作用是管制和引导交通。可以与道路交通标志配合使用，也可单独使用。

(一)道路交通标线的分类

1.按设置方式分

(1)纵向标线：是指沿道路行车方向设置的标线。

(2)横向标线：是指与道路行车方向成角度设置的标线。

(3)其他标线：是指字符、标记或其他形式标线。

2.按功能分

(1)指示标线：是指指示车行道、行车方向、路面边缘、人行道等设施的标线。

(2)禁止标线：是指告示道路交通的遵行、禁止、限制等特殊规定，车辆驾驶人及行人需严格遵守的标线。

(3)警告标线：是指促使车辆驾驶人及行人了解道路上的特殊情况，提高警觉、准备防范应变措施的标线。

3.按形态分

(1)线条：是指标划于路面、缘石或立面上的实线或虚线。

(2)字符标记：是指标划于路面上的文字、数字及各种图形符号。

(3)突起路标：是指安装于路面上用于标示车道分界、边缘、分合流、弯道、危险路段、路宽变化、路面障碍物位置的反光或不反光体。

(4)路边线轮廓标:是指安装于道路两侧,用以指示道路的方向、车行道边界轮廓的反光柱(或片)。

(二)道路交通标线的标划区分

(1)白色虚线:划于路段中时,用以分隔同向行驶的交通流或作为行车安全距离识别线;划于路口时,用以引导车辆行进。

(2)白色实线:划于路段中时,用以分隔同向行驶的机动车和非机动车,或指示车行道的边缘;划于路口时,可用作导向车道线或停止线。

(3)黄色虚线:划于路段中时,用以分隔对向行驶的交通流;划于路侧或缘石上时,用以禁止车辆长时在路边停放。

(4)黄色实线:划于路段中时,用以分隔对向行驶的交通流;划于路侧或缘石上时,用以禁止车辆长时或临时在路面停放。

(5)双白虚线:划于路口时,作为减速让行线;划于路段中时,作为行车方向随时间改变之可变车道线。

(6)双黄实线:划于路段中时,用以分隔对向行驶的交通流。

(7)黄色虚实线:划于路段中时,用以分隔对向行驶的交通流。黄色实线一侧禁止车辆超车、跨越或回转;黄色虚线一侧在保证安全的情况下准许超车、跨越或回转。

(8)双白实线:划于路口时,作为停车让行线。

(三)纵向标线

纵向标线分双向两车道路面中心线、车行道分界线和车行道边缘线三种。

1.双向两车道路面中心线

(1)双向两车道路面中心线为黄色虚线,用于分隔对向行驶的交通流。一般设在车行道中线上,但不限于一定设在道路的几何中心线上。在保证安全的情况下,允许车辆越线超车或向左转弯。

(2)凡路面宽度可划两条机动车道的双向行驶的道路,应划黄色中心虚线。用于指示车辆驾驶人靠右行驶,各行其道,分向行驶。

2. 车行道分界线

车行道分界线为白色虚线，用来分隔同向行驶的交通流，设在同向行驶的车行道分界线上。在保证安全的情况下，允许车辆越线变换车道行驶。

凡同一行驶方向有二条或二条以上车行道时，应划车道分界线。

3. 车行道边缘线

(1)车行道边缘线为白色实线，用来指示机动车道的边缘，或用来划分机动车道与非机动车道的分界。

(2)高速公路、一级公路和城市快速路，应在机动车道的外侧边缘或在路缘带内侧划实线边缘线；同向同一断面上的机动车道与非机车道的分界线(除有实物隔离者外)应视为机动车道的边缘线；应划白色实线；在机动车需要跨越边缘线的地方除辟有紧急停车带的路段外应划白色虚线。

(四)路面标线材料

(1)标线可用路漆、塑胶标带和其他材料(如突起路标用的黄铜、不锈钢、合金铝、合成树脂以及陶瓷、白石头、彩色水泥等)制作。

(2)标线材料应尽可能耐久、耐磨耗、耐腐蚀，与路面黏结力强。

(3)在恶劣的气候条件下、标线材料能具有较好的可辨认性。

(4)标线材料应尽可能采用防滑材料，以保持一定的粗糙度。

(5)标线材料应便于施工，对人畜无害。

第三节　标志、标线养护

一、各种标志养护、修理、更换

(一)检查

(1)检查标志牌面污染、破损、腐蚀、变形情况。

(2)检查标志牌安置角度是否符合规定。

(3)检查照明装置是否有效、反光标的反光情况。

(4)检查支柱、底座是否完好;有无剥落、褪色。

(5)检查标志设置得是否合理;内容是否正确、是否有矛盾;地点是否准确。

(6)检查标志设置的高度尺寸是否符合要求。

(二)养护维修

(1)清除标牌面和立柱上的广告、启示、污染。

(2)修补脱漆处,反光膜脱落补贴。

(3)修复已变形的部分,如弯曲、倾斜的立柱和牌面。

(4)清除遮挡、阻碍视线的物体。

(5)经批准后变更设置不当的标志。

(6)紧固柱与牌连接的螺栓。

(三)标志牌的更换

(1)反光标志夜间反光性能丧失严重的应重贴(喷)。

(2)因交通肇事使标志无法修复的应更换。

(3)内容重复应取消的、有矛盾的应重设。

(4)地点不合适的应按规定迁移标志。

二、标线注意事项

路面标线材料有:标线漆(涂料),塑胶标带以及突起路标用的黄铜、不锈钢、合金铝、合成树脂、陶瓷、彩水泥、白石子等。

(一)选用材料原则

(1)耐久性:包括耐水、耐碱、柔韧性和高抗压强度等。

(2)可见度:标线鲜明程度,一般应日夜可见。

(3)防滑性:标线全天候使用,雨天标线可能打滑,要求有一定粗糙度。

(4)干燥性和施工性:涂料干燥速度不影响进度和行车,要求快干,便于施工。

(5)经济性:应进行分析,根据公路重要程度选用。

(二)标线施工方式

涂刷标线漆有两种方法,一是人工法;二是机喷法。一般人工用冷刷;机喷需加热,用专用划线机施工,当然也可用机械冷喷施工。

(三)冷涂施工的注意事项

(1)彻底清除路面上的砂土、泥泞,有条件时可用高压气轮吹净涂处,人工操作时用手动皮老虎吹也可。

(2)雨天、雨后路面未干或冰冻路面禁止施工。

(3)施工前应将涂料充分搅拌均匀。

(4)施工、搅拌和调制(掺稀释剂)时禁止烟火。

(5)使用稀释剂用量按说明书规定,一般用量不超过涂料体积的5%。

(四)热熔型涂料选择及注意事项

(1)热熔型涂料质量好,但成本高。

(2)施工应注意事项与冷涂相同,但还应该注意温度、湿度,以免影响附着力、颜色、寿命,在热熔器内温度不得高于180°。

三、标线的检查

(1)为确保标线的辨认性能良好,要经常检查其完整和鲜明性;在高原与严寒地区应勤检查。

(2)检查是否因磨耗而造成模糊不清。

(3)检查有无污损、剥落、被覆盖等。

四、标线养护与重设

(1)清扫:车辆行驶带入污泥秽物覆盖标线,应定期清扫干净,结合道班养护工作进行。

(2)重新涂漆:因车轮磨耗,经检查在1 km以内如有一半不清时,应重新涂漆。

(3)补漆:当个别路段的面层处理破坏标线时,应重新补齐。

(4)以上重喷(涂)、补涂应保持原标线长距离内的线形顺直,尽量避免与原标线错位,更不允许出现二条线的现象。

第十章　公路绿化

公路绿化美化是国土绿化的重要组成部分，是农村公路工作中的一项重要内容。通过绿化美化，可以起到稳固路基、保护路面、美化路容、改善环境、减少噪声、舒适行旅、诱导汽车安全行驶的作用；同时，公路绿化也是公路防风、防沙、防雪、防水害的重要措施，对于做好今后的公路养护工作，充分发挥公路效益具有重要意义。

第一节　焦作市农村公路绿化基本要求

农村公路绿化基本要求如下：

(1)农村公路两侧边坡、分隔带、沿线空地及可绿化的公路用地，都要进行绿化。在用地条件许可的情况下，可采用行列对称式的方法绿化。县道每边栽植不少于3排树，乡道每边栽植不少于2排树，村道不少于1排树。

(2)绿化植物种类以当地常用经济林木为主，应注意选择固土耐旱、抗风抗污染的灌木或乔木。

(3)公路绿化必须按现行公路技术标准要求，保证公路净空，不得侵入公路净空控制范围。

(4)栽植位置必须选在道路边沟以外，特殊困难地段可以在坡度缓于1:1.5的边坡上栽植，路肩上严禁植树。

(5)农村公路设计行车车速较慢，为增大两侧透视度，绿化时应加大乔木种植株距，以4 m为宜；弯道内侧、交叉口附近应栽植低矮植物，以免阻挡司机视线。

(6)注意桥头、高压线下、平交道口两端等路段不宜进行高杆植物绿化。

(7)绿化树种安排要与资金情况和管护工作结合考虑,应考虑到可能发生的牲畜及人为破坏情况发生以及相关对策。

(8)每年秋季或春季,可在树干上距地面 1～1.5 m 高处刷上涂白剂(生石灰 5 kg + 石硫合剂原液 0.5 kg + 盐 0.5 kg + 动物油 0.1 kg + 水 20 kg),以防病虫害侵染,增加公路美观度。

(9)路树应注意适时修剪和扶正、补栽,防止侵入公路建筑限界、遮挡交通标志、影响行车视距,增加绿化整齐度。

第二节　绿化施工及技术要求

当前,我市农村公路绿化以栽树为主要手段。路树有乔木和灌木之分,乔木又分为常青树(多为针叶)和落叶树(多为阔叶)。灌木可分为绿篱类(防护)和花灌木类(美化)。由于地域的不同,水文、地质、气候、土壤等自然条件的差异,绿化树种的选择亦有很大的区别。通常说,“北有杨树,中原有桐树,南有热带雨林树”。有些树种如杨树、槐树、雪松具有广布性,在长江以北的公路上随处可见。

一、树种选择

(一)树种选择标准

1. 易栽、易活、易管

由于公路绿化线路长,土壤结构复杂、板结不疏松,碎砖乱石、筑路垃圾遍地,风大干旱无水源,立地条件较差等因素影响,使得对绿化树的管理也比较粗放。选择树种要从树木的生态型入手,必须适应当地的自然条件和公路绿化的特点,采用易栽、易活、易管的树种。

2. 耐旱、耐寒

我国北方属于大陆性气候,冬季寒冷、夏季干旱,选择耐旱、耐寒性强的树种可提高成活率,保证其正常的生长发育。

3. 抗病虫、抗污染

(1)病虫害多的树种,不仅养护投资大,而且会造成环境污染,所以要选择能抗病虫害的树种。

(2)抗污染树种可消除污染物,有利于改善交通环境。大多数的松柏类、大叶黄杨、女贞、海桐、杨、柳、槐、连翘等树种对二氧化硫有害气体抗性强,可选择栽植。苹果、梨、雪松、落叶松、桦树、月季等对二氧化硫反应敏感,容易受害,应少栽植。杨树、槐树、柳树、榆树、榕桐、樟树、女贞、青冈栎、石楠、大叶黄杨、泡桐等树种抗臭氧、抗烟尘和滞尘能力强,也是公路上栽植可选择的树木。

4. 深根性、耐瘠薄

深根性的树种护坡固土性能好,抗逆性强,根深叶茂,绿化效果好;普通公路植树一般种在土路肩或排水沟边,土壤贫瘠、建筑垃圾多,选择耐瘠薄树种有利于成活和正常生长。

5. 生长速度快、成材性好

在有灌溉条件的平坦路段,选择生长速度快、成材性好的树种,如三倍体毛白杨、新引进的速生杨,不但绿化效果好,而且有一定的经济效益。

6. 多样性、轮栽

公路植树,尤其是大面积营造防风林带时,如选择单一树种,一旦病、虫害蔓延,就会造成大的损失。在同一条线路或同一个地方,在树木采伐更新时,几十年使用同一树种,容易引发病、虫害流行。选择树种时注意多样化和轮栽,有利于克服这些不足。

(二)树木的生态型

根据我市气候特点,宜选用北方温带抗旱、耐寒型树种。冬季寒冷,春、夏季干旱少雨,空气干燥,降水量少,蒸发量大,使得杨树、槐树、榆、杏、椿、柳、柏树类,还有柠条、沙棘、月季等多种灌木比较适宜。同时,在用水可以保证的地方,可选用暖温带过渡型树种,如桐树、棕榈、玉兰、女贞、紫薇、木槿、马尾松、油松等。

二、路树栽植

农村公路绿化的路树栽植属普通公路绿化栽植,主要是在路两边栽树。在正确选择树种的基础上，应通过合理确定栽植密度，正确选择栽植季节、栽植形式和栽植方法，来获得好的绿化效果。

(一)栽植形式与栽植密度

栽植密度取决于树木的株(间)距，而株(间)距又取决于栽植形式，在不同的路段有不同的目的和用途，就要应用不同的栽植形式。农村公路的植树多采用封闭式、半封闭式、开放式和自然式4种栽植形式，每种栽植形式又有单行、双行和多行之分。

1.封闭式栽植

封闭式栽植多在风沙沿线和险峻路段采用，特点是密植、封闭和树冠相连；以乔木为主，也可乔、灌间栽；可以单行、双行和多行。如地形空间允许多行栽植，以多行营造林带为宜。

株距与树冠直径(以下称树冠)相对应，如杨树成树后的树冠为2 m，株距亦为2 m，如双行或多行栽植，行与行之间均以三角状栽植，行距应略小于株距，以1～1.5 m为宜。

2.半封闭式栽植

半封闭式栽植多在山区公路，或穿越城镇和村庄的路段采用。特点是单行(也可双行或多行)、疏植、树冠不相连；以乔木为主，具有一定的通透性，林荫化效果好。株距确定的依据是树木成树后冠径的大小，一般株距是树冠的1.5～2倍，间距(树冠间距离)与树冠直径相同时效果最佳。如大叶女贞2年后的冠径是3 m，则株距以4.5～6 m、间距以3 m为宜。

3.开放式栽植

开放式栽植多在城市、港口、码头和风景旅游区的路段采用，特点是通透性强，透视效果好，有利于观光旅游和欣赏沿线风光。以单行栽植为主，选择树形好的矮形常青乔木，间栽花冠木点缀，美化效果颇佳。如西安兵马俑专用公路的绿化，采用马尾松间栽紫荆和大叶女贞间栽紫薇2种形式，达到三季有花，四季常青的意境；兰州滨河路采用的桧柏间栽黄刺玫、紫丁香、连翘、榆叶梅、碧桃、丰花月季等花灌木，绿化和美化效果俱佳。此类栽植形式，乔木的株距以冠径的2.5～3倍为宜，如其间点缀1种或数种花灌木，株距还可以放大。

4. 自然式栽植

自然式栽植讲究不规划、不对称形，这样的绿化特点是随意、浪漫，把人工绿化与周围沿线的自然景观融为一体，突出自然美。

关于路树的栽植方式远不止以上4种，在实践中完全可以创造出多种多样的绿化树栽植形式。株距、间距、行距等指标，在实际使用中，可根据不同树种、不同路段和不同的绿化目的灵活掌握。

(二)栽植季节

春季造林绿化是适于全国的模式，3月12日植树节是根据北方地区的气候、季节而确定的。在1990年之前，北方地区一般都是春季植树，1990年以后，随着全球性的气候变暖和高温的出现，如京、冀、豫、晋、鲁、陕、甘、宁等地，秋季植树的越来越多，而且因秋季雨量充沛，成活率提高，可安全越冬。通常树木栽植以10月中旬至12月中旬，或次年3月上旬至4月中旬为宜。在南方各地也是春、秋雨季植树，而时间有所不同，热带、亚热带和沿海地区是在树木休眠期移栽。

(1)常青树。如松树类、柏树类、女贞、石楠、海桐等，在北方大多数地区的栽植时间是3月中旬至4月底，“五一”过后栽树成活率很低。如在本地小范围、近距离移栽，在带完整土坨的条件下，“六一”之前尚可移栽。

(2)落叶树。落叶树春季萌发，要比常绿树的春季复苏返青时间早，允许栽植时间要比常绿树短，如连翘、榆叶梅、碧桃、迎春、丁香等都属早春开花的灌木，宜在土壤解冻时即行移栽。落叶树最佳的栽植时间为叶芽萌发期，如果已经萌发长出小叶则不宜栽植。如果需要栽的种类多、数量大，应按不同树种的萌发返青期的时间顺序来安排栽植时间，如杨树、槐树、柳树这三种树，应按照先柳后杨再槐的顺序进行。

(三)栽植方法

1. 灌栽

挖好树坑后，先往坑中灌水，然后栽树。此法适于土壤水分很差或极度干旱的地区使用。在大面积植树中，往往树栽好后来不及立即浇水，使树苗在干土中滞留时间延长，本身的水分因外渗而损耗太大，降低了成活率。2002年，在兰州南北两山的绿化中，大洼山试验站在20°荒坡上，用灌栽法移栽了10万株刺槐树苗，成活率达90%，比先挖坑干栽后浇水的传统栽法成活率提高了15%以上。

灌栽的操作顺序为：挖坑→灌水→栽树→浇水，过3~5天后再盖浮土定植。

2. 浇栽

浇栽是一种传统的栽植方法，适于土壤墒情好、浇水条件便利的地区采用，特点是栽植速度快，方法简单，易于操作。

浇栽的操作步骤：挖坑→栽树→浇水，适时用浮土盖坑定植。

3. 浆栽

浆栽适宜于较大的落叶须根系树苗移栽，方法是：挖坑→灌水，搅成泥浆后糊根→栽树→浇水。树坑表层土壤开始干裂时即松土定植。特点是树苗的须根能尽快和土壤、水分结合，提高成活率，在河南、陕西、四川多采用此法。这种方法还适于在树苗的长途运输中采用。在苗圃起苗后先用泥浆糊根，再包裹根部，然后装车运输。这样可有效地保持树苗水分，降低损耗。

4. 带土坨栽植

带土坨栽植也称带土栽植。对1 m以上的树苗，都以带土坨栽植为好。基本要求是：直根系带土坨，须根系可不带；常青树带土坨，落叶树可不带；大树带土坨，小树可不带。如栽树季节偏迟，或在高温季节时补栽，带土坨是否完整，是栽植成功的关键。

5. 保证栽植质量的措施

种树场地清理平整后，要挖树坑，清除三合土、煤屑、石灰和建筑垃圾等。对于不同树种，坑的间距、树木的大小都有一定规格，根据树种、绿化目的等综合确定，确定了树种间距标准，将来树木长大后不会显得太拥挤或太稀。因为树木相互拥挤，会争夺阳光，争夺水、肥，影响生长质量和树形整齐；太稀则土地利用率不高，绿化效果不好。一般树坑的直径要大于根系或土球直径 20～30 cm，深度要超过树根或土球的厚度 10～20 cm，坑底要平，上下口要一样，切忌锅底状。挖出的土要根据质量好坏堆放两边，然后填入 10 cm 厚好泥土，使坑的中央略成小丘状突起。种树前要剪除树木有病虫害部分的腐烂折断根与枝。对落叶树以及常绿树广玉兰、香樟树、女贞树、枇杷树、桔树等树冠可适当进行疏枝。树木放入树坑时，要使朝阳一面仍朝阳，使生长姿态好的一面朝外，转动时注意根部舒展，不能扭曲。树木定位后，即可回填土，边回填边夯实，再在树坑周围做一个圆圈，接着可以浇水，使水慢慢渗透后，即将围圈的土全部堆垄成半球形。带土球包装扎缚物较多的，必须剪除掉，以免栽植后腐烂发热，影响树木根部发育。

三、绿化养护

普通公路因线路长、沿途地形和自然条件复杂，对绿化树的养护管理可分为重点养护路段和一般养护路段，内容包括水肥管理、整形修剪、病虫害防治等几个方面。

(一)浇水

由于受自然条件的限制，我国北方地区公路绿化栽树，仅靠自然降水满足不了生长需要，必须借助人工浇水。

1. 浇水时期

(1)休眠期浇水。北方降水量少，冬、春季寒冷干旱的地区，在初冬和早春树木的休眠期浇水很有必要。①在秋末冬初的浇水(11 月上旬)称为浇“冻水”或“封冻水”，冬季土壤中水分结冰，释放出的潜热可提高树木的抗寒越冬能力，并可防止早春干旱，特别是对刚植的幼树更为重要。②在早春(2 月中下旬至 3 月上旬)，气温回升，树木地上部分树液开始流动，而地下根部的土温仍然很低，根部还处于封冻休眠状态，因而往往出现生理干旱，易引起“抽条”现象。③在土壤即将解冻，树木发芽前的早春，浇1次“解冻水”或“返青水”，有利于新梢和叶片的健壮生长。

(2)生长期浇水。在树木生命活动最旺盛的时期浇水。①4～6月是干旱季节，也是树木生长旺盛时期，需水量较大，在这个时期一般都需要浇水。浇水的次数和时间可根据树种、所处位置和气候条件来定。如定植2～3年的树，可浇水1～2次，刚植的树和幼树浇水2～3次。②7～8月为雨季，降水较多，一般不需浇水，而遇大旱之年仍需浇水。③9～10月树木停止生长，应采取措施，使树梢组织生长充实，充分木质化，增强抗寒性，准备越冬，一般情况下不再浇水，过于干旱时，可适量浇水。

2. 浇水量

浇水量受树种、自然条件、定植年份和当年的降水量等因素的影响而有差别。每次浇水都要浇足，切忌“表皮水”和“半截水”，即表土或浅土浇湿而底土仍然干燥。适宜的浇水量以达到土壤最大持水量的60%～80%为宜。

(二)施肥

树木在生长发育过程中需要补充施肥，但我国公路树的施肥，仅限于城镇观赏性强的路段的灌木花卉。

1. 肥料的种类

常用肥料有以下4类，即化肥、有机肥、微生物肥、矿物肥。

2. 施肥时期

路树施肥一般有3种方法，施肥时期各不相同。

(1)种植肥。在树木栽植时施肥，将树坑挖好后施入农家肥(少量施化肥也可以)拌匀，即行栽树，并浇水。

(2)基肥。秋施基肥，在树木停止生长后施肥(10～11月)，有利于树木翌年萌发返青。

(3)追肥。生长期施肥，在4～6月进行，化肥、有机肥均可。

3. 施肥量

施肥量依树种、土壤肥力和肥料种类的不同而有所差异，但应力求做到适时适量。

4. 施肥方法

施肥效果与施肥方法密切相关。种植肥一般使用有机肥，如饼肥、厩肥等。先将肥料与树坑内土壤搅拌均匀，然后栽树、浇水。

基肥和追肥的施用与树木的根系分布特点相适应，把肥料施在根系集中分布稍远的地方，利于根系向纵深发展，以形成强大的根系，扩大吸收面积，提高吸收能力。

施肥的深度和范围与树种、树龄、土壤状况和肥料种类有关，可根据具体情况实施。施肥应注意适时、适量、方法正确和施后浇水。

(1)穴施：为路树施肥最常用的方法。在单株树下施肥，可按树种的根系分布，在与树冠垂直的 1/2 处或外围挖坑，坑的直径、深度视树的大小而定，直径一般 20～30 cm，深度以触及须根为宜。步骤为挖坑→投肥→拌匀→填土 2/3，浇水→覆土，埋平后踏实。

(2)环状施肥：用于单株树施肥，在与树冠外围垂直的地面上挖一环状沟，沟深、宽各 30 cm，将肥料均匀地撒入沟内，与土壤混匀，然后埋土踏实，并浇水。

(3)条沟施肥：一般在防护刺篱、绿篱带或连续栽植的灌木下使用，即在篱带下距基干 30～50 cm 处，与篱冠边缘平行的位置，开挖深、宽各 30 cm 的沟，将肥料均匀地施入沟中，覆土埋平，再浇水。

(4)其他施肥方法：如放射状沟施肥，是以树干为中心，向树冠外围以辐射状开沟施肥，多用于果园施肥。路树施肥一般不宜采用。

(三)整形修剪

树木通过整形修剪，可有效地美化树形、调整树势、协调树体比例、改善树木通风透光条件，增强树体抗性。

1. 整形修剪的时间

(1)休眠期修剪，在冬季树木落叶(落叶树)、休眠(常青树)后，至翌年春季，树液开始流动前施行(当年11月至翌年2月)。对抗寒力较强的树种可在冬季修剪，对抗寒能力差的树种最好在早春修剪，以免伤口受寒风侵袭而难以愈合，影响正常生长。

(2)生长期修剪，在树木开始萌发至新梢停止生长前施行(3～10月)，时间不宜过迟，否则易促发新枝，消耗树体营养，不利于树木越冬。

2. 整形修剪的方法

(1)乔木类。乔木有明显主干，树体高大粗壮，树冠开展，防风固土能力强，整形修剪应符合这些性状特点。所以，修剪乔木一般保持自然树形，主干高度根据路基的高度和绿化的需要而定。对常青树，如松柏类，除需对树干基部的枯枝和树体的病虫枝修剪外，一般不需修剪。落叶类树木，对枯枝、病虫枝、细弱枝和多余的枝条进行修剪，在春季萌发后，注意对树干基部的萌发芽进行修剪和剪除新抽的枝条。

(2)灌木类。灌木无明显主干，多为丛生和簇生，抗性强，生命力旺盛。灌木类的修剪和乔木类有很大不同，修剪时要突出绿化造景或造型的需要。①绿篱在定植成活后，每年都要留一定的高度，平茬剪平，形状要整齐美观。如以大叶黄杨、侧柏、榆树等间植的绿篱，在城市道路和花坛的封边造景中普遍采用。②对点缀性的花灌木(其中部分可列为乔木)，如碧桃、连翘、迎春、紫薇、榆叶梅、紫荆等，宜按不同的树形修剪，使树木处于最佳的形态。黄刺玫是北方广泛栽种的带刺带花灌木，在栽植成活后，第一年0.2 m高处剪平，第二年留茬0.5 m，第三年和第四年为1 m和1.5 m，通过逐年修剪，增强了枝干的硬度和枝叶密度。在成形后，修剪时剔除枯枝，适当控制高度和宽度即可。③对密植造景或造型的花灌木，如月季、金叶女贞等，则要以造景、造型的需要来修剪。要求边缘整齐，高低错落有致，界限分明，层次清楚，突出景和型的景观特色。④对以防护为主的带刺灌木的修剪，主要是控制空间占有体积，使之既有防护作用，又具备绿化、美化效果。

(四)病虫害防治

树木的病害主要有真菌病、细菌病、病毒病等,虫害造成树营养与繁殖器官受害。

1. 病害防治

公路绿化树木最常见的病害有白粉病、锈病、炭疽病、根腐病、萎蔫病,其次是褐斑病、桧柏梨锈病和霜霉病、落叶病等。这里只介绍最常见的5种病害。

(1)白粉病是公路上多种树木普遍发生的病害。发病初期叶片出现白色小点,以后变成白色粉斑,叶面如覆盖一层白粉,之后会变为灰色。防治方法:修剪疏枝,增加树体通风透光率;发病初期喷洒托布津、多菌灵等杀菌剂。

(2)锈病为普遍发生的病害,主要危害树木的叶片和嫩枝。初期在植株的染病组织(叶、枝)上出现黄色小斑点,微肿,后期叶枝病部表皮开裂,呈咖啡色。在翌年春天冬孢子吸水膨胀胶化,呈黄色,似花朵状物,严重影响植株的生长发育。防治宜在春季3月中、下旬进行,喷洒粉锈宁、石硫合剂或波尔多液、五氯酚钠等。

(3)炭疽病危害多种植物叶、花、果、鳞片和嫩枝,多发生在处于较阴暗潮湿和通风透光差的环境中的树木。被害树木初期出现圆形、半圆形不规则褐色小斑,后期病斑中部呈灰白色,其上有许多小黑点,严重时叶片枯黑脱落。可用栽培和耕作措施加以预防;化学防治用苯并咪唑内吸性杀菌剂,如多菌灵和50%苯菌灵可湿性粉剂300~500 mg/L、70%甲基托布津可湿性粉剂500~700 mg/L,每隔10~15日喷1次药。

(4)根腐病为树木常见病害之一。病初从根部开始出现溃疡状腐烂,进而危及株体。化学防治用百菌清、扑海因,春季防治效果好。

(5)萎蔫病在树木、草本植物上多有发生,是难以诊断的病害之一。发病初期植株叶片软化,嫩枝弯曲,根部及其他器官并无病变,与干热风和高温干旱所造成的危害并无两样,往往让人误认为是缺水。此病害属真菌病害,可用百菌清、放线菌铜或五氯硝基苯防治。

2. 虫害防治

公路上树木的常见害虫有蚜虫类、螨类、蝉类和红蜘蛛，此外还有啮齿动物。

(1)蚜虫俗称植物虱子，是最常见的植物害虫之一。蚜虫具有刺吸式口器，吸食植物的汁液，影响植物的发育，并传播各种病毒病，使植物受害而变黄，继而枯黄，最后变为棕色而枯萎死亡。

蚜虫的危害率达到10%时需进行防治，常用药剂有杀螟松、毒死蜱、氧化乐果乳油、3911、敌敌畏和菊酯类杀虫剂。

(2)红蜘蛛常称为螨类害虫，属于节肢动物门蛛形纲，螨目。绝大部分路树都程度不同地受此虫侵害，如遇雨后干旱高温，几天之内可大面积发生，严重时株体全部受到侵袭，如不及时扑灭，会造成很大的损失。对红蜘蛛的防治主要用化学方法，常用药剂有40%的乐果乳油2 000～3 000倍液，喷雾2次即可杀灭，3911、敌敌畏、菊酯类农药亦有较好的防治效果。

(3)柏毒蛾主要危害各种柏树类，以圆柏、侧柏、千头柏、沙地柏受害最重。幼虫食害叶的尖端，越冬幼虫在早春对新发嫩叶危害严重，被害针叶仅留基部，随后逐渐枯萎。大量发生时，一株树上可有数千只幼虫，虫口密度很大，常造成灾害。在4月中下旬，即幼虫盛发期，连续喷洒2次杀虫剂，即可杀灭。有效杀虫剂有敌百虫、敌敌畏、灭扫利等。

(4)柏小爪螨可一年发生多代，主要危害柏树、松树、云杉等针叶类树种。成螨吸食叶内汁液，叶片受害后，鳞叶基部呈枯黄色，叶片间有丝网，严重时树冠发黄，生长停滞，乃至死亡。在螨虫发生较多时，每隔7～10天连续喷药2～3次，即可有效地防止危害，药剂有三氯杀螨醇乳油、石硫合剂、敌敌畏等。

(5)蝉类害虫是喜飞善跳的小型昆虫，所有的树木都可受其侵害，以阔叶树受害为主。危害方式是用刺吸式口器吸食植物汁液，叶片受害后，最初出现淡白色斑点，严重时连成块，乃至整个叶片苍白枯死。蝉类害虫随处都有，如未造成危害可任其自然；如因气候或环境不良导致成群飞舞，笼罩树冠，进而影响到人的日常生活时，则必须将其杀灭。可用灯火诱杀，也可用50%杀螟松、叶蝉散等农药配成100倍溶液，喷雾杀灭。

(6)啮齿类有害动物主要是鼠类和野兔，习性是喜打洞，在地上部分活动，对树木的危害主要是环剥幼树基部树皮，造成大量树木死亡。在山区公路草深林茂路段最易发生，尤以早春危害最重。防治方法有毒饵投放、器械捕杀、鼠道灌水等，如短期内控制不了其数量，则可对树体喷洒3911、氧化乐果、敌敌畏等农药2～3次，即可防止侵害。

第三节　绿化苗木养护管理

一、树木养护

树木种植以后，经常性的养护管理是十分重要的。树木养护，应该根据树木的生长发育情况，不同季节的需要来进行管理。主要养护工作如下：

(一)加土扶正

对新种的树木下过一场透雨或刮过一场大风后要进行一次全面检查，树干已经摇摆(动)的，应填土培实；树坑泥土过低的，应及时覆土填平，防止雨后积水烂根；树坑泥土过高的，也要铲平，防止深埋影响根部发育；发现倾斜歪倒的，也应抓紧扶正。

(二)剥芽修剪

新树木经过起挖、包装、运输、二次搬运常受损失，以致部分芽发不出，因此要检查枝梢上有无枯枝现象。发现枯枝及时剪掉，否则会影响其他芽的抽生，影响整株树木的茁壮成长。树木在自然生长过程中，树干、树枝上会萌发许多嫩枝、嫩芽，它不但消耗大量养分，而且树形也受影响，造成树干生长不挺直，树冠生长不匀称。为使树木迅速长大，早日覆盖遮荫，要随时剪除多余的嫩枝、嫩芽、徒长枝及生长部位不得当的枝条，使树冠能均衡地吸收阳光和空气，减少病害和虫害，促使树木生长旺盛。

（三）松土除草

树木经过多次降雨或浇水以后，周围泥土容易板结，应用锄头将地表层疏松，根除杂草及蔓藤植物。松土除草可使土壤疏松、空气流通，调节泥土温度，促进土壤中养分的分解，有助于树木根部吸收。松土能防水分蒸发，减少旱害，防止害虫潜伏，减少虫害。锄草松土时，注意不能过浅，也不能过深，因为太浅起不到应有的作用，过深又会伤害树木根系。松土、锄草的深度一般以6～7 cm较为适宜。

（四）施肥

为使树木生长良好，施肥是重要措施之一。肥料大体分为三类：有机肥、无机肥、细菌肥。

新种的树木根幼嫩，施肥不能过浓，原有树木可以稍浓些。施追肥要在松土后进行，使肥料易渗入土壤中被根部吸收。施追肥应选天气晴朗，土壤干燥时。施用饼肥要充分腐熟，并用水稀释后才能施用，否则反会有害。由于树木根群分布广，吸收养料和水分全靠须根，施肥要在根部四周，不要在紧靠树干的地方。大树施肥，可用沟施办法，将肥料施入后，再盖土恢复原地平，既有利于保持环境卫生，又可保证施肥质量。

（五）防治病虫害

在树木的养护管理中，防治病虫害是十分重要的工作。这项工作一年四季都要做。冬季除虫可用人工在树干及树枝上捉除虫卵、虫茧，或在树木根部周围的泥土下挖除蛹、茧、卵等，同时也要清除树木四周的害虫潜伏场所，如杂草堆，修剪下来的病虫害枝及枯枝柴堆、垃圾堆等。在树木株行距间进行冬耕翻地，可将埋在土里的害虫翻出冻死。冬季没有除尽的害虫，到夏秋就大量繁殖，这时就要采用人工捉除和药剂喷洒进行除虫。按常规，树木、花卉、草坪入夏入冬前，应喷洒一遍药物，预防病虫害。

（六）涂白

入冬前树木涂白可防止病虫危害，且树木外层呈白色，能减弱树木地上部分吸收太阳的辐射热，延迟芽萌动期，避免早春霜害，还有防止温度剧变、堵塞叶面气孔、防止水分蒸发的作用。涂白剂配方可选用：水 10 份、生石灰 3 份、石硫合剂 0.5 份、食盐 0.5 份、油脂少许。配制时先化开石灰，把油脂倒入，充分搅拌，再加水拌成石灰乳，最后放入石硫合剂及盐，也可加粘着剂，延长涂白的使用期限。

二、路树采伐管理

（1）《中华人民共和国森林法》把公路林木列为防护林种。其主要作用是保护公路，改善环境条件，因此不应进行主伐。

（2）公路路树过密时，应进行抚育采伐；当公路改善、路树成熟、路树发生严重病虫害或其他原因急需采伐时，宜在冬、春季节采伐。路树采伐应符合下列规定：①抚育采伐：风景林、防护林在郁闭度达 0.9 以上时，应进行透光采伐，伐除过密、生长不良的树木。其原则是间密留匀、伐劣留优、伐密留稀，促进树木生长。②更新采伐：公路改善需要采伐的路树，应先审批后采伐。对采伐后出现的空白路段应在竣工后的第一个绿化季节及时绿化好。成段衰老树的更新采伐，按批准的计划办理。③路树采伐前，应先写出更新采伐报告，经公路管理机构审核发放采伐许可证方可采伐。未经批准，不得采伐。

第十一章　路政管理

第一节　路政管理概述

一、路政管理概念

公路路政管理是指交通主管部门或者其授权的公路管理机构，根据国家法律、法规和规章的规定，为保护公路、公路用地和公路附属设施，维护公路秩序所进行的行政管理，即依照法律、法规保护路产、维护路权的管理。

所谓保护路产，是指交通主管部门及其授权的公路管理机构依法保护国家授权它享有占用、使用、处置权的所有有形和无形的财产，包括公路、公路用地、公路设施、专用建筑物、构造物、料场、材料、装备、用具、资金、财物、科研成果、专利所有权等。

所谓维护路权，是指交通主管部门及其授权的公路管理机构由法律赋予，为排除侵权而拥有的行政管理权和民事权益。

1997年，国家颁布的《中华人民共和国公路法》(以下简称《公路法》)以法律条文对行使路政管理的机构、路政管理的具体内容及要求，做出了明确的法律规定。《公路法》要求"各级人民政府应当采取措施，加强对公路的保护"。"县级以上地方人民政府的交通主管部门应当认真履行职责，依法做好公路保护工作，并努力采用科学的管理方法和先进的技术手段，提高公路管理水平，逐步完善公路服务设施，保障公路的完好、安全和畅通"。

《公路法》明确规定：

"任何单位和个人不得擅自占用、挖掘公路"。

“任何单位和个人不得在公路上及公路用地范围内摆摊设点、堆放物品、倾倒垃圾、设置障碍、挖沟引水、利用公路边沟排放污物或者进行其他破坏、污染公路和影响公路畅通的活动”。

“任何单位和个人不得损坏、擅自移动、涂改公路附属设施”。

“任何单位和个人未经县级以上地方人民政府交通主管部门批准,不得在公路用地范围内设置公路标志以外的其他标志”。

《公路法》还对修建铁路、飞机场、电站、通信设施、水利工程和进行其他建设工程,需占用、挖掘公路者,跨越、穿越公路修建桥梁、渡槽、架设管线者,都作出了明确规定,必须事先经有关交通主管部门同意,对公路造成损坏的,应当按照损坏程度给予补偿。另外,对于有损公路的车辆行驶及超限运输车辆,也作出了具体规定,颁布了相关法规法令。

由此可见,公路路政管理的主要任务是维护路产路权,保障公路完好畅通。公路路政执法的目的,在于通过对路产路权实施管理和监督的专门活动,要求公路使用者及其相对人严格按照国家法律、法规、规章的规定使用公路,保护、管理公路路产,维护公路合法权益,保障公路的行车安全畅通,从而提高公路的社会经济效益,更好地为公路运输和国民经济的发展服务。

公路路政管理具有广泛性、法制性和复杂性,是一项系统工程。

(1)路政管理的广泛性是指人们的生活、生产都离不开公路交通,路政管理涉及千家万户,与人民群众有密切联系。公路线长、面广,牵涉到工、农业及铁路、通信、汽车运输及乡镇等,与这些都有不可分割的联系。

(2)路政管理的法制性表现在路政管理是代表国家履行执法的活动,是国家行政管理的一部分,属于法制的范畴,其活动直接涉及到路政管理相对人(包括个人和组织)的切身利益,执法活动体现国家意志,由强制力来保证实施。

(3)路政管理的复杂性表现在,一是该项工作关系到千家万户,涉及许多部门;二是路政机构与公安交通等部门在工作职责上有交义；三是交通、公安、土管、工商等部门相互之间在政策上、法规上不配套，造成各行其是、多头审批的混乱局面，尤其在公路沿线建筑区控制方面很明显；四是路政机构在执法上缺乏必要的权威和有力的保障手段。

总之，路政管理的广泛性、法制性、复杂性决定了公路路政管理工作的特点：建管结合，预防为主，依法治路。

农村公路路政管理伴随着农村公路的产生而产生，发展而发展，有许多新情况、新问题需要探讨和研究，找出其规律，对于提高路政管理效能，强化管理，实现农村公路路政管理的科学化、法制化和现代化，推动农村公路事业发展具有重要意义。

二、公路路政管理的主要内容

（一）保护路产

路政管理基本内容是保护路产，使之处于完好状态，以保障道路通行安全畅通。按照《公路法》、《中华人民共和国公路管理条例》及其实施细则、《公路路政管理规定》等法规的规定，保护路产具体内容如下：

(1)依法制止和查处非法占用、挖掘公路及毁坏、破坏公路路基、路面、桥梁、隧道、涵洞、排水设施、防护构造物、花草林木、苗圃等违法行为；

(2)依法制止和查处非法在大中型公路桥梁和渡口周围200 m、公路隧道上方和洞口100 m以内，以及公路两旁一定距离内挖砂、采石、取土、倾倒废弃物等违法行为；

(3)依法禁止和查处危及公路、桥梁、隧道、渡口安全的爆破作业以及其他影响行车安全的活动；

(4)依法制止和查处损坏、擅自移动、涂改公路防护、排水、养护、管理、服务、交通安全、渡运、监控、通信、专用构造物、建筑物等设施和设备的行为；

(5)依法禁止和查处在公路上及公路用地范围内摆设摊点、堆放物品、倾倒垃圾、设置障碍、挖沟引水、排放污物等污染公路环境、影响公路畅通的行为。

(二)维护路权

路政管理的第二项内容是维护路权不受侵犯。内容是:控制公路两侧建筑红线,审查跨越、穿越公路的各种管线和渠道;审理各种道路与公路交叉、废弃公路的产权归属等问题。具体来说,在公路用地和所属空间范围内,依法建设下列构造物时,必须符合《公路工程技术标准》的要求,事先要经过有关交通主管部门同意;影响交通安全的,还须征得有关公安机关的同意:

(1)在公路用地范围内,架设、埋设各种管线、电缆等设施;

(2)跨越、穿越公路建设跨线桥梁、渡槽或架设各种管线、电缆等构造物;

(3)修建铁路、机场、电站、通信设施、水利工程或进行其他建设,需要占用、挖掘公路或者使公路改线的;

(4)因抢险、防汛需要修堤坝、压缩或者拓宽河床危及公路、桥梁、隧道安全的。

在公路用地和空间范围内,建设上述项目时,致使占用、挖掘、损害公路的,建设单位应当以不低于该段公路原有的技术标准予以修复、改建或视损坏程度给予经济补偿。

(三)维持公路工作秩序,保障车辆通行

维持公路工作秩序,保障车辆通行,这是路政管理日常工作的主要内容。按照《公路法》规定,其具体内容如下:

(1)禁止可能损害公路路面的履带车、铁轮车等在公路上通行,但是,经过当地县级以上人民政府交通主管部门批准,采取了有效的防护措施的,可以允许其按规定的时间和路线行驶。

(2)禁止超限车辆在有限定标准的公路上行驶,超限车辆是指车辆载重超过公路、桥梁的设计荷载标准;除此之外,车辆的高度、宽度、长度超过公路技术标准的,也不允许行驶;若必须行驶时,必须经当地县级以上人民政府的交通主管部门和同级公安机关批准,并采取有效的防护措施，方能按照指定的时间、路线、时速行驶，并悬挂明显标志。

(3)禁止机动车制造厂和其他单位利用公路作为检验机动车制动性能的试验场地。

(4)努力保护公路完好，积极改善公路环境，提高公路使用质量，充分发挥公路的社会效益和经济效益。

三、公路路政执法特征和原则

(一)公路路政执法特征

(1)公路路政执法是路政管理部门的行为，它必须是交通主管部门及其授权的路政管理机构的行为，而不是其他行政主体的行为。

(2)公路路政执法是按照路政管理的法律、法规所明确的条款依法行使的行为。

(3)公路路政执法是对管理相对人所实施的管理，对管理相对人的权利、义务发生影响的一种外部行政行为。

(4)公路路政执法是路政管理机构依法针对特定的人和事所采取的某种行政措施的行为，并能够产生相应的法律效果。

(5)公路路政执法是一种自由量裁行为，所谓自由量裁行为是指法律法规对某种行政行为的内容、方式和程序只规定一定的范围和幅度，允许行政主体在此范围和幅度内自由量裁决定的行政行为。

(6)公路路政执法是一种要式行为，它是指必须依据某种方式或具有某种形式进行的行政行为。如作出处罚必须向当事人送《处罚决定书》；提出复议，必须向复议申请人送《复议决定书》等。

(7)公路路政执法受行政诉讼法的调整。如当事人对给予的处罚不服，可向上级公路主管部门提出复议；对上级公路主管部门的处理决定不服的，可以在接到处理决定书之日起十五日内向人民法院起诉。

(二)公路路政执法原则

公路路政执法除具备行政执法的合法性和合理性，执法严格并接受监督等基本原则外，依据路政管理工作的特点，在工作中还必须坚持以下原则：

(1)动态管理与静态管理相结合的原则。公路路政执法是对公路路产、路权实施管理和监督的专门活动。要做好公路路政执法工作，首先要从静态管理着手，建立路政档案，包括路产档案、路政处罚档案、路政复议档案和路政诉讼档案等。首先通过建立路政档案，全面掌握和了解公路用地范围及公路产权，为路政执法奠定必备的基础。其次还必须从动态管理着手，实施上路巡查。路政违法案件中除了非法占用公路用地以外，大部分违法案件主要是由分散性、流动性对象造成的。因此，公路路政管理人员只有上路巡查才能发现和纠正破坏、侵占公路路产的行为。同时，通过上路巡查也有利于路政管理人员及时了解路上故障车辆及交通事故情况，及时了解路基、路面、桥涵、隧道及交通工程等设施有无损坏，搜集证据，为路政案件处理提供必要的依据。

(2)坚持以教育为主，处罚为辅的原则。公路路政处罚的目的在于预防路政违法案件的发生，教育违法案件当事人。处罚是手段而不是目的，因此在公路路政执法活动中，路政管理人员在充分体现执法必严和执法适度、依法办事的前提下，应充分考虑违法情节，通过以教育为主，处罚为辅的原则，通过对公路使用者进行教育，使其能自觉地维护公路的路产路权，依法使用公路。同时，公路执法人员还要严格依法行政，坚决杜绝以罚代赔的情况发生。对于违法行为已造成路产损失的，不能对违法当事人仅仅以行政处罚了事，处罚只是对违法当事人的一种惩戒措施，以达到警戒和教育的目的，还应对其进行教育，使其今后能依法使用公路。此外，还必须根据路产的实际损坏，索取等值的经济赔偿。

(3)坚持综合治理，与有关部门密切配合的原则。公路路政管理工作，涉及到社会的方方面面，不是用单一的方法和手段能够解决得了的，还必须与有关部门密切配合，取得社会的理解和支持。如与公安、国土、城建、工商等部门密切配合执法，才能有效地控制公路两侧建筑红线，维护好公路路况，保障公路的安全畅通。

四、目前公路路政管理存在的主要问题

农村公路在我国目前正处于发展阶段，农村公路路政管理工作同样也在摸索之中。受社会环境和客观条件的影响，从目前公路路政管理情况来看，存在的问题大致有以下几个方面：

(1)体制上存在的问题。公路管理部门的路政执法权依法由交通主管部门委托，在我市及我省许多地方同时存在着县乡公路和干线公路两支路政执法队伍，使得整个路政工作执法权威性较低。另外，执法队伍没有正式编制，加之近年来大规模的农村公路建设一直没有停止，农村公路管理部门经费紧张，执法人员工作辛苦，但相应的待遇却无法真正落实。

(2)公路用地范围不清。由于目前已建成的县乡公路产权上存在问题，导致县乡公路管理权问题在广大群众思想中较模糊，在某些政府部门、司法部门工作人员思想中也同样不明确，给县乡公路路政管理工作带来了很大不便。现阶段县乡公路新建、改建均由县、乡政府解决征地拆迁问题，而很多土地并没有实际征用，只是“占用”，土地手续没有办理，公路用地问题无法从根本上解决，涉及到具体的执法活动，导致路产边界不清。有必要在县乡公路建设过程中，由市或县政府直接授权，明确路政部门的管理范围(包括路线路段和道路的横向边界)。该问题在操作上还有待进一步探讨。

(3)超限超载车辆绕行县乡公路问题还比较严重。县乡公路与干线公路相比，点多、线长、面广且承受力低，对于超限控制保护有更为迫切的要求，超限超载车辆通行对于许多县乡公路来说损坏将是毁灭性的。为此不少地方采用设立限载墩、限载标杆等方式加以控制，但这只是迫不得已的办法，有很多后遗症。目前，县乡公路超限监控亟需更灵活更务实的方式方法，需要国家给予更严厉的法规保护，需要给予农村公路路政管理部门不同于现行政策的依法行政权力，只有如此，县乡公路的超限超载问题才能彻底解决。

(4)县乡公路沿路集市问题比较突出。原有县乡公路上的集市贸易(包括间断性的和长期的)在前些年市场经济不发达的情况下,对于促进城乡物资交流,改善农村群众生活确实起到了积极作用,但在目前的社会条件下,县乡公路已上档升级,原有集市的负面作用已超过了积极作用,影响车辆通行和安全,污染、损坏公路设施;同时,破坏公共管理秩序,损害政府形象。

(5)执法尺度不一,部门间工作难以协调。公路是开放的公共基础设施,路政管理相对人比较复杂。与路政管理密切相关的有国土、工商、邮电、石油、电力、物价、公安交警等部门,部门之间、法与法之间不吻合、不衔接的矛盾时有发生,有时路政问题涉及这些部门,大家对所出现的问题各执一词,导致问题难以处理。

(6)习惯势力和社会陋习根深蒂固,普遍缺乏护路意识和法制观念。农村公路穿村过镇,与广大农村居民生产生活密切相关。“要想富,先修路”、“要流通,靠交通”的思想已深入人心。然而,一条农村公路建成后,由于人们缺乏对现代交通的认识,缺乏护路意识和法制观念,沿路堆放垃圾杂物、打场晒粮、随意占用道路等不当利用公路而影响交通的情况非常普遍。

农村公路的路政工作需要地方政府牵头,路政管理部门和广大群众共同参与,需要建立起路政部门和基层政府的协作机制,只有这样,才能共同把农村公路管理好。

第二节　公路路政许可

《中华人民共和国行政许可法》已于 2004 年 7 月 1 日正式生效,在此部法律中,对行政许可的设定、实施、程序及法律责任等事项作了详细的规定,规范了包括交通部门在内的各类行政许可行为。这是公路路政管理部门实施行政许可、审批职权的最根本的前提。一切路政许可的行为,都不能与该法相抵触,否则将是无效的许可。

路政许可是公路路政管理部门根据行政管理相对人的申请,经审查依法赋予其从事公路行政法律、法规所限制事项的权利和资格的行为。

公路路政许可的程序：

1. 申请

公路路政许可是依当事人的申请而开始的行为，当事人的申请必须具备一定的条件。具体表现在：

(1)当事人的申请必须向有权作出行政许可的路政管理部门提出；

(2)申请的内容必须是针对法律所限制的事项；

(3)申请人必须具有从事所申请许可活动的行为能力；

(4)申请人要有明确的申请许可的意思表示。

2. 公路路政许可审批的程序

1)申请的提出

申请人要获得某项交通行政许可，必须以书面形式提出申请，在书面申请中必须申明申请行政许可的理由及必要的说明材料。附文件的路政许可，申请人还必须向公路路政管理部门提供必要的附件。

2)申请的审查

对申请人提出的申请及其附加材料，必须进行认真的审查，但公路路政管理部门对于申请及附加材料的内容无权进行变更，确需变更的，公路路政管理部门应向申请人提出变更、完善的要求，由申请人自行变更。对申请的审查，包括程序性审查和实质性审查两个方面。

(1)程序性审查主要内容：一是审查申请事项是否属于自己的职权范围，对不属于自己职权范围的，应告诉申请人向有权机关申请，对不需要申请许可的应当告知申请人撤回申请；二是审查申请文书是否符合要求，是否齐备。

(2)实质性审查主要内容：一是审查申请人是否具有该申请事项的申请权；二是要审查申请人是否具有从事该事项的行为能力，即审查申请人是否具备以自己的行为依法对该申请事项享受权利和承担义务的条件和资格。

3)路政许可的作出

公路路政管理部门批准当事人申请的,颁发书面形式的许可证书。对当事人申请不予批准的,路政管理部门应当在法定的期限内告知当事人。

4)对不予许可的法律救济途径

对不予批准申请或在法定的期限内不予答复的,申请人可以依法申请行政复议或提起行政诉讼。

第三节　公路路政处罚

一、公路路政处罚的概念和特征

公路路政处罚是路政执法活动的一种重要表现形式,它是指路政管理相对人违反交通行政法律规范,而由公路路政管理部门依法追究其所应承担的行政法律责任。也可以说,它是公路路政管理部门对违反交通行政法律规范的公民、法人或其他组织,依法给予的行政法律制裁。

公路路政处罚具有以下特征:

(1)实施路政处罚的主体是公路路政管理部门,具体包括各级交通主管部门及其依法委托的交通管理机构、法律和法规授权的组织;

(2)实施路政处罚所保护的客体是公路路政管理秩序;

(3)路政处罚实施的对象是违反交通行政法律规范但尚未构成犯罪的公民、法人或其他组织;

(4)实施路政处罚具有惩戒性。

二、公路路政处罚的种类

公路路政处罚可分为申诫罚、财产罚。

(1)申诫罚。申诫罚是公路路政管理部门对行政管理相对人提出警戒或谴责，申明其行为已经违法的一种处罚。它主要是对行政管理相对人给予精神上或者名誉、信誉方面的惩戒，不具体剥夺或限制其实体权利。

(2)财产罚。财产罚是公路路政管理部门对行政管理相对人依法剥夺财产权的一种处罚。财产罚迫使行政管理相对人缴纳一定数额的金钱或者是剥夺其财产，不影响其人身自由和其他活动，又能起到制裁作用。

要注意区别路政处罚与路政强制措施。在目前部分交通规章中把责令改正、责令赔偿、恢复原状、拆除违法建筑写入“罚则”中，这些内容是为保证行政处理决定得以贯彻执行的行政强制措施，不能作为行政处罚对待。征收滞纳金、中止车辆运行、责令车辆停驶等也都属于根据公路路政管理需要采取的行政强制措施。

三、公路路政处罚的适用

公路路政处罚的适用是指公路路政管理部门在认定行政管理相对人违法的前提下，依照法律规定的原则和方法决定对其是否给予交通行政处罚及如何实施行政处罚的一种行政执法活动。

（一）路政处罚适用的基本要求

(1)实施路政处罚应当纠正违法行为。《行政处罚法》规定，行政机关实施行政处罚，应当责令当事人改正或者限期改正违法行为。

(2)执行一事不再罚。对当事人的同一个违法行为不得给予两次以上罚款的路政处罚。它并不排除路政管理部门依据实体法规对同一违法行为给予一次罚款的同时，并处其他种类的行政处罚。

(3)路政处罚不代替刑事处罚，实施行政处罚不免除当事人所应承担的民事责任。

（二）关于不予处罚的规定

根据《行政处罚法》的规定，下列四种情况不予处罚：

(1)不满十四周岁的人有违法行为的；

(2)精神病人在不能辨认或者不能控制自己行为时有违法行为

的；

(3)违法行为轻微并及时纠正，没有造成危害后果的；

(4)违法事实不清的。

(三)路政处罚的时效

路政处罚的时效是指公路路政管理部门对行政管理相对人的违法行为追究行政法律责任，实施路政处罚的有效期限。《行政处罚法》规定，违法行为在两年内未被发现的，不再给予行政处罚，但法律另有规定的除外。两年的期限，从违法行为发生之日起计算，违法行为有连续或者继续状态的，从行为终了之日起计算。

四、公路路政处罚的程序

(一)简易程序

1. 简易程序的适用条件

(1)违法事实确凿，这主要是指有充分的证据证明违法事实的存在，或虽没有充分的证据，但行政管理相对人对行政机关确认的违法事实没有异议的；

(2)实施处罚有法定依据，即处罚针对的行为是依法被认定为违法且应受处罚的；

(3)处罚权限仅限于对公民处以五十元以下罚款，对法人或者其他组织处以一千元以下罚款或者警告的行政处罚。

上述三个条件是并列适用的，缺少任何一个条件都不能适用于行政处罚的简易程序。

2. 简易程序的内容

(1)表明执法身份；

(2)路政执法人员将所认定的违法事实、处罚的理由和依据告知行政管理相对人，并告知其有权作出陈述和申辩；

(3)路政执法人员听取行政管理相对人陈述和申辩的意见，对其提出的事实、证据和理由应当进行复核，事实、理由或证据成立的，应当采纳；

(4)作出路政处罚决定,填写统一编号的当场处罚决定书,当场交付行政管理相对人,并告知其不服处罚决定可以依法申请行政复议或者提起行政诉讼;

(5)路政执法人员作出当场处罚决定之日起五日内,应当将当场处罚决定书副本向所属路政管理部门备案。

(二)一般程序

1. 案件的调查取证

1)证据概述

证据是指能够证明案件真实情况的事实。证据具有以下基本特征:一是客观性,二是内在关联性,三是合法性。

证据包括以下种类:书证、物证、视听资料、证人证言、当事人陈述、鉴定结论、勘验笔录和现场笔录。

(1)书证是指用文字记载人的思想或行为,以及用符号、图表等表达人的思想,其内容能证明案件真实情况的物品。

(2)物证是指以自然存在的外形、质量、规格、损坏程度等标志来证明待证事实的部分或全部的物品及痕迹。

(3)视听资料是指采用先进科学技术,利用图像、音响及电脑储存反映的数据和资料来证明案件真实情况的一种证据。

(4)证人证言是指证人就其所了解的案件事实向行政机关所作的陈述。

(5)当事人陈述是指案件当事人就有关案件情况向行政机关所作的说明。

(6)鉴定结论是指行政执法部门为了查明案件中一些科学技术或专门性的问题,聘请或指派有专业知识和技术能力的部门和人员进行鉴定作出的判断性结论意见。

(7)勘验笔录是指行政执法部门为了解案件的事实性,对事实发生的现场或物品进行勘验、检查时所作的反映事实情况的笔录。

(8)现场笔录是指行政执法人员在现场执法工作中,对现场有关情况所作的真实记录。

2)调查取证的要求

路政案件调查人员调查、收集证据,应当遵守下列规定:

(1)调查人不得少于两人,并应当主动向当事人出示执法身份证件;

(2)询问证人,首先要告知其权利义务:安全保障权、充分陈述权、核对笔录权、证件知悉权、侵权控告权等权利和作证、如实作证的义务;

(3)勘验检查的对象范围仅限于与案件有关的物品或者现场,并应当通知当事人到场,当事人拒不到场的,可以请在场的其他人员见证,勘验检查应当制作《勘验检查笔录》;

(4)对需要采取抽样调查取证方法的,应当制作《抽样取证凭证》;

(5)对涉及专门性问题的,应当指派或者聘请具备有关专业知识和技术能力的部门和人员进行鉴定,并制作《鉴定意见书》;

(6)在证据可能灭失或者以后难以取得的情况下,经路政管理部门负责人批准,可以先行登记保存,制作《证据保存清单》,并应在七日内作出处理决定;

(7)案件调查人员在初步调查结束后,认为案件事实基本清楚,主要证据齐全的,应当制作《交通违法行为调查报告》,提出处理意见,报送路政管理部门负责人审查。

2. 听取当事人陈述、申辩或组织听证

1)陈述、申辩程序

当事人在收到《交通违法行为通知书》之日起三日内进行陈述和申辩的,路政管理部门应当审核当事人的意见,并应当将当事人提出的事实、理由或者证据制成笔录。

2)听证程序

行政执法部门作出责令停产停业、吊销许可证或者执照、较大数额罚款等行政处罚决定之前,应当告知当事人有要求听证的权利;当事人要求听证的,应当组织听证。听证要求应当由当事人在被告知有听证的权利后三日内提出；行政执法部门应当在听证的七日前通知当事人举行听证的时间、地点；听证一般情况下公开举行；举行听证时，调查人员提出当事人违法的事实、证据和行政处罚建议，当事人进行申辩和质证；听证应进行笔录。

听证程序和陈述、申辩程序一样都是行政程序现代化和民主化的重要标志。确立听证、陈述、申辩制度的目的在于更进一步听取当事人对行政机关有关案件的处理意见，赋予当事人在案件处理过程中有陈述、质证的机会，从而保障当事人的合法权利，同时也加强了对行政执法机关的监督，促进依法行政。

3. 作出行政处罚决定

(1)违法事实清楚，证据确凿充分，根据情节轻重，作出处罚决定。

(2)案件还需要作进一步调查处理的，责令案件调查人员补充调查。

(3)违法行为轻微，依法可以不予行政处罚的，不予行政处罚。

(4)违法事实不能成立的，不得给予行政处罚。

(5)违法行为已构成犯罪的，应当将案件有关材料移送有管辖权的司法机关处理。

(6)对于案情复杂或者有重大违法行为需要给予较重行政处罚的，应当集体讨论。

五、公路路政处罚决定的执行

路政处罚决定作出后，必须得到执行。行政处罚的执行包括广义和狭义的执行。广义的执行既包括强制执行，还包括当事人的自觉履行；狭义的执行指的是强制执行。

1. 当事人的自觉履行

当事人的自觉履行是指路政处罚决定作出后，当事人在行政处罚决定的期限内，主动履行交通行政处罚决定所规定的义务。《行政处罚法》规定，行政处罚决定依法作出后，当事人应当在行政处罚决定的期限内予以履行。

当事人自觉履行行政处罚决定应当符合下列要求:

(1)实际履行。行政处罚决定作出后,当事人应当以实际行动履行处罚决定规定的义务。

(2)全面履行。当事人履行行政处罚决定,应当全面地履行,而不是部分地履行规定义务。

(3)按时履行。当事人应当在行政处罚决定书规定的期限内按时履行义务。

2. 强制执行

强制执行包括两方面:一方面是路政管理部门对不履行处罚决定的当事人依法强制执行处罚决定;另一方面还包括路政管理部门申请人民法院强制执行处罚决定。

第四节　路政管理赔(补)偿

一、公路路政管理赔(补)偿的含义

公路路政管理的赔(补)偿是指由于交通管理相对人的故意或过失导致公路路产、路权受到损害,按照公路管理法规给予经济偿付的行为。

公路路政管理的赔偿和补偿问题,从法理讲,是一种民事关系问题,司法实践中也往往将其归入民事范畴。但完全将其纳入民事领域,又是不妥的。如民事上讲求当事人双方的平等性。而路政管理的赔偿和补偿,却存在着行政的单方性和不平等性,从《公路法》及有关公路管理法规、规章的角度来看,其又可归入行政执法的范畴。如《公路法》第五十四条、第四十八条、第四十四条等都对赔、补偿作出规定。因此,关于公路路政管理的赔偿和补偿的性质问题,是一个值得深入研究的课题,在此,我们仅从行政性角度加以阐述。

二、公路路政管理赔(补)偿的特征

(1)必须是由交通管理相对人的故意或过失行为造成的。即交通管理相对人主观必须有过错,如果其主观上并无过错,如:由于地震、水毁导致交通管理相对人肇事造成的路产损失,当事人不负赔偿和补偿责任。

(2)必须有损害事实的存在。即造成的损害必须是现实存在的,如:路面、路基、附属设施被损害,空中跨线导致路权被损害等,不存在的或可能发生的损害,当事人不负赔偿和补偿责任。

(3)损害行为与损害结果之间有因果关系。交通管理相对人的主观过错与损害事实,两者之间必须具有因果关系。即甲行为是造成丙结果的原因,乙行为不是造成丙结果的原因,那么甲行为与丙结果之间有因果关系,乙行为与丙结果之间无因果关系。甲行为承担赔、补偿责任,乙行为不承担赔、补偿责任。

(4)赔、补偿标准法定。公路路政管理中的赔、补偿项目、数额、裁量幅度,都必须有法律、法规、规章或规范性文件的明文规定,其明细标准经地方财政、物价部门批准后,才能使用财政赔、补偿票据,实施管理。否则,索赔、补偿行为为非法行为,属乱收费范畴。

三、公路路政管理赔(补)偿的求偿

公路赔(补)偿的管理求偿是指公路管理机构代表公路所有人(国家)对公路进行管理,对相对人造成公路损害的,依法要求给予赔(补)偿。其特征如下:

(1)求偿人是经法律授权的公路管理机构,它负有公路的管理职责,依法保护公路,及时追偿是其义务。

(2)求偿行为具有单方性,即将赔(补)偿纳入行政管理范畴,当事人双方地位不平等,相对人不服,只能通过复议,诉讼解决,赔偿过程中相对人与求偿人没有对等性。

(3)求偿行为具有强制性,即赔(补)偿义务人不按规定进行赔

(补)偿时,求偿人可以采取法律规定的强制手段,如:责令停驶到指定地点接受调查处理、强制拆除等,使其自觉进行赔(补)偿。

(4)求偿行为具有程序性,即(赔)补偿过程中,求偿人必须完全按照法律规定的程序办事,依法勘验现场,填写法律文书,作出处理决定,开取赔(补)偿票据;如果不按程序办事,那么从行政角度来看,是一种程序违法。

第五节 路政管理强制措施

一、路政强制措施的含义

路政强制措施是指路政管理相对人不履行其法定义务时,路政管理部门为促使其履行或实现与履行有同一状态,而采取的强制方式。这一概念包含了以下几层含义:

(1)路政强制措施以管理相对人不履行法定义务为前提。

(2)路政强制措施的实施主体是交通主管部门和法律、法规授权的路政管理部门。

(3)路政强制措施的内容是行政管理相对人在相关的交通行政法律规范上所确定的义务,其对象具有广泛性。

(4)路政强制措施是单方的法律行为,在实施的过程中,不以行政管理相对人的同意为前提。

二、路政强制措施的特征

路政强制措施和其他任何行政强制措施一样,具有以下特征:

(1)行政性。一是路政强制措施发生于路政执法过程中,是路政管理部门在贯彻实施交通法规过程中的一种具体行政行为;二是路政强制措施的主体是依法具有行政强制执行权的路政管理部门。

(2)强制性。除强制手段外,其他手段已不足以使行政管理相对人履行义务,这里的强制性表现为在实际操作过程中直接运用强制措施对其强迫，这种强制不考虑行政管理相对人是否接受。

(3)执行性。就行政管理相对人而言，交通行政法律规范上规定的义务是其不愿履行的，而不是无法履行，否则就不能实施交通行政强制措施；就路政管理部门而言，路政强制措施必须是路政管理部门作出了具体执行内容的执法决定，否则也不存在强制措施的问题。

三、路政强制措施的种类

路政强制措施的种类大体有以下几种：强制报告、强制到指定地点接受调查、强行拆除、加罚、征收滞纳金、暂扣交通部门核发的证照、强制卸载等。

(1)强制报告，《公路法》第八十五条规定。

(2)强制到指定地点接受调查，《公路法》第八十五条规定。

(3)强行拆除，《公路法》第八十一条规定。

(4)加罚，这是《行政处罚法》赋予有权实施行政处罚的行政执法机关的执行手段。

(5)征收滞纳金，这是路政执法实践中较多使用的执行手段，也是《行政处罚法》赋予有权实施行政处罚的行政执法机关的执行手段。

(6)暂扣交通部门核发的证照，一般由地方法规加以规定，如《吉林省公路管理条例》中就有此规定。

(7)强制卸载，交通部《超限运输车辆行驶公路管理规定》中就有此规定。

四、路政强制措施的执行程序

路政强制执行的程序分为以下三个步骤：

(一)告诫

通知路政管理相对人在限期内履行法定义务，否则将会采取行政强制执行的措施，督促其主动履行义务。

(二)执行

如果路政管理相对人在期限内不自觉履行法定义务,路政管理部门就可依据法律、法规的规定采取强制措施予以执行。

(三)征收执行的费用

路政管理部门如果采取的是代执行的方式,就需要向行政管理相对人征收执行的有关合理费用。

第十二章　焦作市农村公路工作实践

第一节　焦作市农村公路工作的建设成就

焦作市农村公路"十五"以来，得到了长足发展，从2001年起焦作市抓住全省提高二级路比重的机遇，到2006年底建设县道二级路836 km，建设大中型桥梁66座。2002年在全省率先实现了乡乡通二级路，为全省县道二级路建设起到了示范带动作用；2005～2006年以全省实现村村通水泥(油)路为契机，建设水泥路面村道1 523 km，同时以贷款的形式筹措资金6 000万元建设串连行政村损坏的县乡道路209 km。2006年在全省率先实现了完整意义上的村村通水泥(油)路的目标，在全省开创了"先干后补"的建设模式，受到省交通厅领导的好评。2006年底，焦作市已形成了"以高速公路为骨架、干线公路为支线、县乡道路为脉络"的公路交通运输网，全市农村公路里程达6 148 km，其中县道1 356 km，乡道1 167 km，村道3 429 km，专用公路196 km。

焦作市农村公路养护管理工作也取得了骄人的成绩，形成了具有焦作特色的养护管理模式，焦作市地方道路管理处荣获全省"十五"公路养护管理先进单位称号。

1997～2004年焦作市地方道路管理处连续荣获四届全省公路"好路杯"金杯奖；2003年焦作市被省交通厅确定为农村公路示范市；2006年、2007年焦作市农村公路建设工作连续两年受到省政府通报表彰，并分别获得2 000万元和1 000万元的项目资金奖励。2006年河南省副省长张大卫两次对焦作市农村公路建设有关情况的汇报给予批示，充分肯定了该市农村公路建设所取得的成绩。全省农村公路建设工作会议于2006年8月21日在焦作市召开。交通部副部长翁孟勇于2006年9月19日视察了焦作市农村公路。

在农村公路发展上,焦作市确立了"树立'一个意识',实现'两个转变',构建'三个模式',落实'四个创新'"的指导思想。"一个意识"即抢抓机遇促超前发展的意识;"两个转变"是实现了农村公路工作由交通部门的行业行为向政府行为和社会行为的转变,实现了农村公路工作除上级补助以外的筹资以群众为主向以政府投入为主的转变;"三个模式"即构建了"政府推动,群众支持,先干后补,政策激励,典型引导,多元筹资,科学管理,确保质量"的建设模式,"责任明确,分级养护,政府为主,科学创新"的养护模式,"组织健全,制度完善,执法文明,管理严格,保障有力"的路政管理模式;"四个创新"即落实了"理念创新,标准创新,技术创新,奖惩创新",并围绕这一指导思想,狠抓建管养一体化的落实。

第二节　加快农村公路建设,提高农村公路通行能力和服务水平

一、抢抓机遇,加快建设,政府支持,领导重视,推动农村公路迅速发展

2001年省交通厅提出提高二级路在整个路网中的比重,加大对县道二级路改扩建的投资,每千米补助30万~35万元,村村通油路建设加大以奖代补比例。焦作市地方道路管理处领导班子以敏锐的洞察力,果断决策,根据全省加快公路建设的方针,3次调整建设规划,及早安排二级路改造项目和山区村村通油路工程,并取得了市委、市政府的大力支持,县道二级路改造项目在全省率先开工建设。市委、市政府领导高度重视,市委主要领导立即提出2001年、2002年两年是公路建设年,2001年6月12日在市委、市政府等五大领导班子参加的全市加快公路建设动员大会上,市委、市政府要求把公路

建设作为焦作第三次创业的重中之重工作抓紧抓好，并批转了“关于加快地方道路发展的意见”。在地方道路路网上档升级改造建设过程中，时任市委书记秦玉海、市长毛超峰、副市长贾武堂非常关注，并多次带领交通、公路部门的领导检查公路建设进展情况，督促各县市区抢抓机遇，加快进度，并明确要求确保质量，建成精品工程。2001年、2002年两年我市共完成县道二级路建设任务730 km，是全省完成建设任务最多的市。

2005年省政府提出3年全省实现“村村通”的目标，当年焦作市建设计划是完成169 km建设任务，他们在和省交通厅沟通的前提下，抢抓机遇，自我加压，把3年实现村村通水泥(油)路的任务压缩到1年内完成，提出“先干后补”的建设主导思想，即争取省交通厅、公路局的支持，贷款建设超计划部分进入下年计划。当年确定投资近1.5亿元修建965个行政村的703 km农村道路，实现全市村村通油路或水泥路的奋斗目标。

焦作市将“村村通”工程列入保持共产党员先进性教育活动中市委、市政府要为民办的“13件大事”之一。

(1)2006年、2007年市委、市政府分别再次将农村公路列入为民办的十件实事，纳入到各县市区年度综合目标管理考核范围内，多次召开常务会议研究农村公路建设，明确了有关部门和各级政府的责任；由市委、市政府督察室督导建设情况，制定了《焦作市人民政府关于加快地方道路发展的意见》，并经市十届人大三次会议研究通过了每年由市财政预算配套2000万资金用于支持农村公路建设的举措，真正把农村公路建设的部门行为转化成政府行为。在农村公路建设过程中，铁代生书记专门对农村公路建设提出要求，原市长毛超峰，副市长王哲多次深入到施工一线检查农村公路建设，现场办公，协调解决矛盾和问题，督促进度慢的县市区采取有力措施加快建设。

(2)各县市区政府也将农村公路工作列入重要的议事日程，作为要为民办的大事要事来抓。博爱县成立了农村公路建设领导小组，将农村公路工作纳入要为群众办的实事范围，实行目标化管理；马村区政府积极筹措资金，保证补助资金及时到位。

(3)乡镇作为村道建设的组织者，也想方设法加快工程建设。沁阳市西万镇政府对建“村村通”工程给予5 000元/km补助，保证了该镇“村村通”工程的顺利进行。

二、宣传发动，典型引导，组织有力，严格奖惩

(1)加强宣传，树立各级政府、有关部门和群众的机遇意识，公开政策，建设阳光工程。通过焦作日报、市电视台、中国云台网等新闻媒体的专题报道向群众宣传这次建设的重要意义和抢抓机遇的重要性，公开建设标准、补助政策和建设政策，开办“老百姓”、“村村通建设巡礼”、“来自村村通建设一线的报道”等专栏，集中宣传建设先进单位的经验、办法，树立学习榜样，并采取在焦作日报每周通报进度的办法，促进各县市区工程进度。该市地方道路管理处及时编报信息，为市、县市区委政府领导提供建设信息。强有力的宣传为农村公路建设营造了良好的氛围。

(2)召开现场会，加强督促。在县道二级路建设过程中，在先进单位召开现场会，并给予奖励。2002年1月26日、4月9日、7月14日、10月16日先后在孟州市、修武县、博爱县召开了清基工作、路基成型、灰土层、建设任务完成现场会，分别对先进单位进行表彰，并给予2万～30万元的奖励，先后奖励95万元。在7月14日现场会上对灰土层施工阶段表现突出的孟州市等四个先进单位进行表彰。10月16日在博爱召开的博爱县乡乡通二级路工程竣工通车剪彩暨焦作市县道二级路建设现场会上，市五大班子领导到会并进行奖励。通过这种方式，促进了各个单位之间比、学、赶、帮、超活动的开展，形成了学先进、赶先进、争先进，加快建设的良好局面。2002年全省公路建设质量现场会在焦作市召开，与会代表参观了当年修武县县道二级路建设情况。

在后来进行的“村村通”建设过程中，焦作市也在修武等地多次召开现场会，要求大家学习建设先进单位领导高度重视“村村通”建

设的精神和好的管理组织经验，进一步推动全市“村村通”建设。2006年8月21日全省农村公路建设工作会议在焦作市召开，与会代表参观了博爱县农村公路建设情况。

(3)成立组织，完善制度。在2001～2002年县道二级路建设中，成立强有力的领导组织，为建设提供支持。市政府成立了以贾武堂副市长为组长的领导小组，县市区政府都把县道二级公路建设作为本地区的重要工作来抓。参照市政府模式，建立由县委、县政府主要领导挂帅、各乡镇党委书记参加的指挥部或领导小组，层层签订目标。在2005年开始“村村通”建设后，市政府第21、28次常务会议对市农村公路建设情况进行了专题研究，出台了有关政策和措施，为加快全市农村公路建设提供了保证。市交通、地方道路管理部门成立了农村公路建设领导机构，下设技术指导组、质量督导组、质量检测组、建设协调组，对农村公路建设加强组织管理；在县道二级路建设过程中，制定了《焦作市地方道路路网上档升级改造项目管理办法》、《焦作市地方道路路网上档升级改造施工监理办法》、《焦作市地方道路路网上档升级改造项目质量控制工作的若干意见》，在“村村通”建设过程中，制定了《认真落实市委市政府为民办实事建好农村公路实施方案》、《焦作市农村公路网络化建设管理办法》、《焦作市村村通公路水泥混凝土路面施工技术质量管理指导意见》、《焦作市开展地方道路工程质量管理年活动的实施方案》，保证农村公路按程序规范施工。

(4)出台政策，强力支持。在县道二级路建设中，我们制定了《焦作市地方道路路网上档升级改造项目管理办法》，明确了在建设中地方政府与业务部门的责任划分，明确规定征地、拆迁、补偿、路基土石方、白灰、8m以下的小桥涵由地方政府负责。

在“村村通”建设中，明确了交通部门、县市区政府、乡、村的责任和资金筹集方式，明确了“村村通”建设资金除省补助外，村道建设资金的不足部分由县(市)区政府每千米补助2万元，市、县交通部门以2万元/km进行资金配套，乡、村两级以投工投劳或民工建勤的方式配套 2 万元/km，有效地推动了工程建设。

(5)奖惩并重，实施激励机制。坚持“谁先进、扶持谁”的方针。在县道二级路建设中，对灰土层施工阶段表现突出的孟州市等四个先进单位进行表彰。对获得一等奖的孟州市奖励 15 万元，获得二等奖的武陟县奖励 10 万元，获得三等奖的修武县、中站区各奖励 5 万元。2002 年 10 月 16 日在博爱率先实现乡乡通二级路，市政府给予奖励 30 万元，

在“村村通”建设中，对各县市区农村公路建设计划项目实行预安排办法，即按全市规划和各县市区实际先行安排计划，对配套资金筹措到位、公路征地、地面附着物的清除及路基形成好、进度快的予以通报表彰，优先安排项目和资金；对行动不力的，取消其有关项目，项目调整安排给先进的县市区。

按期完工并经质量验收达到优良的“村村通”项目，除补助的资金外，按项目每千米奖励 1 000 元，各县市区拿出奖励资金的 5%～10%，对受奖项目的监理人员和县所技术人员进行奖励；对完工后经质量验收不合格的“村村通”网络化项目，除按里程每公里扣除市交通部门补助的 1 万元资金外，还要求在 11 月中旬前处理直至合格为止，否则将取消第二年建设项目及拨款；对负责该项目的监理人员和县所技术人员分别处以 500 元的罚款。

(6)注重技术服务、指导。在“村村通”建设中，市交通、农村公路管理部门和县市区农村公路管理部门分别对工程技术人员、乡镇主管领导、村委会负责人、参与质量监督的群众等进行为期一周的技术培训，同时向有建设任务的每个乡镇派驻一名技术人员，全面负责该乡镇“村村通”建设的技术指导协调工作。

(7)加强督导。市政府主管部门领导、市交通局、地方道路管理处领导到每个县市区督导建设任务落实情况，监督质量，督促进度，发现问题，及时解决，保证工程建设的顺利进行。

在加快建设过程中，为保证建设任务的完成，焦作市地方道路管理处干部职工牺牲了礼拜天、节假日，全力以赴搞好工程建设的服务

工作，明确提出了“请示批复不隔夜，技术服务到现场”的要求，全处动员起来，在兼顾好各方面工作的同时，重点搞好工程建设，确保进度和质量。

在建设中，交通局成立督导组，市地方道路管理处成立三个督导组常年在工地巡查，一方面监督施工质量，一方面对施工中存在的问题和遇到的困难及时与县市区领导协调，及时解决。

(8)抓典型带一般，整体推进工程建设。在县道二级路工程建设中，由于各县市区政府和群众支持的力度有别，所以在建设中存在不平衡性的问题，为加快建设，并推动各县区建设，我们每年都要对各县市区工程建设的进度、质量情况定时进行检查评比，树立建设典型给予表彰和奖励。如孟州市在清基工作中，工作积极，动手早，行动快，焦作市地方道路管理处及时召开现场会推广它们的经验，随后其他县市立即采取有效措施，推进工程建设顺利进行。武陟县、修武县、中站区奋起直追，在保证质量的前提下，加快进度。在博爱现场会上，要求各县市区把握天气良好的有利时机，增加机械、施工人员，推动工程建设顺利进行。

在“村村通”建设中，先后在修武、博爱召开农村公路建设现场会，推广这两县的县政府抓“村村通”建设的经验和“村村通”建设的组织管理和质量管理经验，对进一步提高农村公路建设质量起到了至关重要的作用。

三、自我加压，先干后补，加快建设促发展

由于焦作市农村公路发展迅速，省分配给本市的建设计划和本市农村公路发展要求相距甚远，该市在和省交通厅、公路局充分沟通后，取得了他们的支持，同意焦作市在符合规划的前提下，不增加农民负担，自筹资金先建设计划外的农村公路，次年列入全省农村公路建设计划。这就是受到省交通厅肯定的焦作市创造的农村公路“先干后补”的建设模式。

(1)在2005年“村村通”建设中，焦作市自我加压，把3年实现村

村通水泥(油)路的任务压缩到1年内完成,当年不仅完成了省定的169 km“村村通”建设任务,还超额完成“村村通”建设任务586.851 km,提前两年实现了“村村通”目标。

(2)2006年新农村建设开始后,省交通厅安排给焦作市的农村公路建设计划不能满足群众的修路愿望,各县市政府领导和交通部门纷纷到市交通局、地方道路管理处要求追加项目计划和投资。对此,焦作市交通、农村公路管理部门因势利导,一方面千方百计采取措施,保护群众的积极性,对经济基础条件好、积极性高又确需修路的村庄,允许其在保证不形成新的农民工工资拖欠的情况下,自筹资金先干,完成后经验收合格纳入明年计划;另一方面,市交通、地方道路管理部门认真贯彻落实全省农村公路建设现场会会议精神,积极到省厅争取项目,争取补助资金。经过艰苦努力,多方协调,省厅领导同意焦作市自筹资金先行建设,次年列入全省农村公路建设计划,这样我们在省计划外又安排了近400 km的“村村通”工程。同时要求各县市区积极筹措配套资金,确保建设资金落实到位。县、乡政府、县交通部门配套资金不到位的,上级补助资金不予拨付。为了保证不产生新的农民工工资拖欠现象,要求在建设计划外工程中,县市区交通、地方道路部门必须先自筹足够的建设资金,到位后才能开工建设;否则,不能开工建设,同时,谁形成拖欠就要追究谁的责任,直至给予取消其计划内建设项目的处罚。同时,焦作市20世纪90年代初建设的乡道损坏严重,现在修建“村村通”后,村道通了,然而连接村道的乡道、个别县道超期服役,有的甚至连油面都没有了,群众在村里走上了水泥路,出村还是“晴天一身灰,雨天满地泥”,给群众生产生活带来了很大不便。为彻底解决群众的出行难题,这部分道路当年又不能列入省建设计划,该市交通、地方道路管理部门想群众所想,急群众所急,在市政府、省交通部门支持下,决定先自筹资金修建220 km县乡道路,争取次年列入省计划。这既改善了路网结构的质量,也为群众提供了晴雨畅通的出行条件,提高了整个农村公路网络的服务质量。

2006年焦作市完成投资3.9亿元,完成建设任务1 513 km,完成里程占年度计划的151.3%,超计划建设农村公路513 km。

(3)2007年省政府与焦作市签定的农村公路建设目标是建设村道450 km,焦作市自我加压,确定全年农村公路建设目标是1 000 km。焦作市通过贷款的方式建设20世纪90年代建成的现损坏严重、路况较差的村道380 km,建设涉及优化路网结构的县乡道路100 km。

焦作市通过大规模的农村公路建设,农村公路网络化水平不断提高,极大地改善该市广大农村的通行条件,提高了农村公路的通行能力,为当地新农村建设提供了有力的交通支持。

四、群众大力支持工程,积极参与工程建设

道路建设是一项社会工程,同时也是一项民心工程。为了把好事办好,实事办实,在广泛宣传发动的基础上,市交通、地方道路管理部门和各级政府都做了大量深入细致的群众工作,取得了广大人民群众对农村公路建设的充分理解和支持,各县市区工程沿线的人民群众对工程建设投入了极大的热情,付出了很多心血,做出了巨大牺牲。

群众力量大,山崖通上水泥路。在只有64口人的修武横河村通村公路建设工程中,村党支部书记带领群众风餐露宿,在悬崖峭壁上凿出了一条出山的道路。经过10多个春秋的努力,在交通、农村公路部门的关心支持下,打通横河隧道,于1998年实现了通公路,2006年底该村实现了通水泥路。在该村道路建设工程中,市地方道路管理处苏延欣处长先后10多次冒着危险,多次深入该村施工工地指导施工。

拆迁舍小家,修路为大家。在县道二级路建设工程中,博爱县张茹集乡留村村民王裕光花7万元刚盖了一座5间两层楼,在焦张路建设中,在赔偿、划宅基地不到位的情况下,为不耽误施工,含泪拆迁了楼房。修武县虎口峪村一村民的房屋被开山的石头砸坏,在处理

问题的过程中,他说:修路是为了咱老百姓,我这辈子没能走上好路,不能让孩子们再走老路了。我不能计较这点小事,结果没让公家赔1分钱。温县徐堡镇的群众对工程建设同样理解支持,该镇需要拆迁580间房屋,仅用20多天时间就拆迁完毕,在拆迁过程中,许多村民还主动为施工人员送去了开水、毛巾,其中一座刚盖好的小楼拆迁时,连在场的乡领导都心痛得掉泪,但为了修路,户主却非常通情达理,毅然作出牺牲,光温县就拆房近3 000间,但进展十分顺利。马村区在修建待丰路段过程中,在近1 km的路段上有20户民宅需要拆迁,由于群众工作做得实,取得了住户的理解和支持,20户居民很快就搬迁完毕。

锹挖车拉,群众备土忙。2002年中焦路施工中,修武县西村乡交口村担负的中焦线土石方施工工地离村子近20 km,为了保证工期,该村的党支部书记和村委会主任带人,从施工开始到土方备齐没有离开过工地一天,仅用20天时间就开挖土石方5 000 m^3。在2007年武陟县何营桥至幸福闸乡道建设过程中,该乡组织群众备土方7万m^3。

战天斗地筑路为民。在28 km长的东岭后至虎路峪村道路建设时(该路的修建使我市距离公路最远的山区行政村——修武县岸上乡东岭后村终于通上了水泥路),该路位于深山区,没水、没电、战线长、无路绕,工地条件恶劣,施工难度极大。工程建设者们发扬敢打硬仗、善打硬仗的优良传统,克服种种困难,保质量,赶工期。为了加快工程进度,施工人员每天工作时间在14个小时以上。夏天,人们忍受着蚊虫叮咬;冬天,送到工地上的饭菜上面是一层冰碴儿,工人们手、脚、脸冻伤严重。有时晚上睡觉,一场大风就将帐篷卷走,施工人员只好搂着被子靠着山崖睡。他们硬是凭着这种吃苦耐劳的精神,经过9个月的施工,保证了工程的圆满完成。

五、积极筹措资金,为加快建设提供资金保障

焦作市政府高度重视农村公路,2005~2007年每年从财政上拿

出 2 000 万元支持农村公路建设。

2005 年，修武县政府在财政困难的情况下，安排 100 万元资金用于补助经济薄弱的村的“村村通”工程建设，该县采取通过县政府组织招标集中采购水泥、砂石料的办法，节约资金 160 万元；马村区政府在各项建设任务繁重的情况下，足额筹集了 44 万元配套资金，先行拨付 22 万元，其余 22 万元作为奖励建设先进的村和补助特别困难的村，大力支持工程建设；孟州市政府将农村公路建设缴纳的税费返还农村公路管理部门用于建设农村公路，这些措施和方法有力地推动了“村村通”工程的进展。

群众在建设“村村通”中也以极大的热情支持农村公路建设。孟州市石庄乡钱沟村长期受路的困扰，听说修路需要筹集一部分资金，群众们立刻踊跃捐款，顺利完成了建设任务；外地工作的亲友也积极为修建“村村通”建设作贡献。博爱县磨头镇闪拐村的丁凤祥捐助 300 吨水泥，武陟县大封镇在外成功人士捐资 8 万元帮助修路；沿线企业为修路无私奉献，支持“村村通”建设，马村区下马村驻地企业为修路解决了 70 万元资金加宽道路，方庄镇一道沟道路全长 8.22 km，沿线 5 个行政村，由于村里集体经济薄弱，但沿线石料厂、灰窑较多，这些企业主动捐资献料，支持道路建设；村干部更是主动垫支、筹资用于修路，为群众做好榜样，博爱县许良镇下水磨村党支部书记贺万富在资金紧张的情况下，一次性垫付 6 万元用于工程建设，磨头镇东季东村在修路前期村两委成员和村民小组长 11 名干部每人垫支 1 万元，并把村委会卖树的 10 万元拿出来在原基础上加宽 1 米，修武县五里源乡东水寨由于种种原因，长期以来一直没有出村路，借“村村通”建设机遇，全村2 800多名群众思想一致，修路热情高涨，下了“抓住机遇、造福群众、砸锅卖铁、修好道路”的决心，该村1 710 m道路加宽修至5 m，村里把卖树的 13 万元全部投入到修路中。

武陟县大封镇采取了五种筹资措施修建“村村通”水泥路，巧解了资金紧张的难题，保证了工程建设顺利进行。一是集体拿。如东岩、东唐郭、驾部三、驾部四等集体有收入的村，他们拿出集体积蓄，积极为民办事，东岩村拿出了70万元资金整修了长3 000 m，宽7 m的道路。二是干部垫资，集体没有实力的村，村干部垫资。该镇赵庄村委会副主任葛天利个人垫资20万元，司马岗村村委主任陈木头垫资3万元。西唐郭、前孔、后孔、南孟迁村等村，村干部每人也拿出1万元或几万元用于“村村通”建设。三是企业捐。该镇民营企业发展较早，比较活跃，企业积极赞助“村村通”建设，大封村靠企业赞助筹资达5万元，保安庄、后孔、孟门等村每个企业也拿出几百、几千元不等。四是银行贷。董宋、南屯、赵庄分别在信用社贷款10万～15万元，作为修路的启动资金。五是政府帮。对个别特别困难，班子战斗力较弱的村，由政府帮助他们筹资，如驾部五村，镇财政为支持他们垫资2万元，保证工程如期开工。

六、严格质量控制，建设让群众满意放心的工程

（一）从教育入手，强化全员质量教育，增强质量意识

首先，组织施工管理人员和施工人员认真学习国家、省有关加强基础设施建设质量管理的要求，并以新闻媒体曝光的典型质量案件为反面教材，引以为戒，警钟常鸣，从而激发大家高度的责任感和使命感，树立“质量是工程的生命，质量责任重于泰山”的观念。其次，从市委、市政府到交通、地方道路管理部门在召开的每次动员会、现场会上都把质量问题作为重要内容反复讲，不断强化各级领导干部和全体职工的质量意识。武陟县在发现南孟迁村300 m“村村通”工程出现质量问题后，该县主管交通的副县长责成施工单位立即返工，县政府专门召开全县农村公路建设质量会议，出台奖惩措施确保施工质量。县交通、地方道路部门及时调整技术力量，加大质量监督力度，在每个在建项目上派驻了技术人员，严把施工质量关。再次，在2002年初市地方道路管理处举办了两次各县市区交通局长、地道所长参加的工程建设质量知识培训班，充实了领导干部的质量管理知识；2005～2006年对技术人员、乡镇工程管理人员、村民质量监督代

表等319人进行了培训，主要培训了施工工序、质量管理要求、各施工阶段的管理要点，使他们能够尽快适应建设管理和质量监督工作。最后，定期召开质量例会和现场会，通报质量情况，分析存在的质量问题的原因，现场解决存在的质量问题，从而形成了全系统在强化质量管理的前提下，抢时间，抓进度，建设让人民群众满意放心工程的质量管理氛围。

（二）从建章立制着眼，完善规章制度，保证质量管理规范科学

首先，焦作市地方道路管理部门2002年制定了《焦作市地方道路路网上档升级改造项目管理办法》、《焦作市地方道路路网上档升级改造施工监理办法》、《焦作市地方道路路网上档升级改造项目质量控制工作的若干意见》、《施工规范化管理标准》，2005年制定了《焦作市农村公路网络化建设管理办法》、《焦作市"村村通"水泥路面施工指导意见》，从制度上规范建设行为，保证施工质量。其次，在参建队伍的选择上严格按照规定执行，所有线路的设计全部选择了乙级资质以上的设计单位进行线路设计，为施工质量打好了基础；在建设上，合理划分标段，按程序通过招投标选择了三级以上公路工程资质、施工能力强、技术水平高、信誉好的施工队伍；招标时，邀请纪检、监察部门的领导现场监督，在签订施工合同时，签订廉政建设合同，保证建设高质量的地方道路。

（三）严格履行工程建设程序，严把市场准入关

从工程项目的项目建议书、施工图设计、施工、监理等环节都严格履行基本建设程序，严格进行项目的资格预审、招投标文件、评标报告、开工报告的审查及报批工作。严格招投标制，严把市场准入关。为了确保农村道路建设项目的工程质量，他们从源头抓起，在项目管理中坚决贯彻执行《招投标法》，严格按照招投标程序和要求办事。整个招投标过程在严格的监控下进行，邀请纪检、上级行政机关、公证部门进行监督，有效保证了招投标工作公开、公正、公平的原则。杜绝暗箱操作，为工程质量把住了第一关，规范了地方道路建设市场秩序。

施工单位进场后，业主会同监理对施工进场管理人员、技术人员、机械设备等逐一进行核对，看是否与投标书中所报人员、机械设备相符合。还检查了施工单位所编制的施工组织设计是否可行，施工组织机构、质量保证体系是否建立、建全，工地实验室设备是否能保证需要，施工安全措施是否完善等。有效杜绝了“一级单位中标，二级单位进场，三级单位施工”的现象，为施工的顺利进行，保证工程质量打下了坚实基础。

（四）加强试验工作，提高检测水平

焦作市地方道路管理处从人力和物力上都加大了对各种试验的投入，投资 320 余万元组建了市交通基本建设检测咨询公司和各县市区临时试验室，并对全体试验人员进行了业务培训和考试，试验人员执证率（培训证）达 98%。要求所有工程项目的原材料进场前要严格把关，各种原材料试验、各种标准试验和各种混凝土配合比的试验都必须在有资质的试验检测单位进行复验证试验，为保证工程质量奠定了基础。

（五）完善三级质量保证体系，确保工程质量

在工程建设中，落实“企业自检、社会监理、政府监督”的三级质量保证体系，通过招标选择了实力雄厚的监理事务所，对建设项目进行全过程监理。焦作市地方道路管理处设监理总部，各县市区设驻地监理办公室，每个项目按建设规模配备相应数量的旁站监理，完善了地方道路建设的监理网络。同时要求各施工单位加大对检测人员、设备的投入，强化企业自检，积极配合市局质监站对县道二级公路及大中桥梁建设的质量监督。对于关键工序、关键部位的施工，要求监理必须在施工现场跟踪监理。为确保工程质量，对施工质量差、施工组织不力，经教育不能及时整改的建设单位，驱逐出地方道路建设市场，如在 2003 年桥梁建设中桥梁五标的河南矿业建设集团有限责任公司、十六标的河南隆发建筑工程公司对督导组提出的质量问题拒不整改，经研究将他们驱逐出市桥梁建设市场，有效地控制了质量。

（六）严把材料质量、监理检测关

为保证施工材料的质量，各种材料进场前必须提供产品质量合格证，施工单位自检合格，经监理抽检合格后，方可用于施工。在施工中做到施工企业未自检或监理未抽检的不得进行下道工序的施工，监理抽检不合格的待其返工检验合格后方可进行下道工序施工，对于施工关键部位，监理坚持全天候在施工现场监理。

（七）抓好三阶段质量验收，打好质量基础

按照要求，抓好"路基、路面基层、路面面层"三个阶段质量验收，在验收中，焦作市地方道路管理处充分发挥已有的实验室的作用，直接服务到现场，严格把关，对每个阶段加强质量监管，质量不合格不能进入下道工序施工。

焦作市交通局督导组、市地方道路管理处两个巡查组坚持到施工工地巡查，发现质量问题及时处理，避免形成质量事故。

（八）群众监督质量，建设放心工程

聘请了人大代表和政协委员、老党员等作为"村村通"建设的社会义务监督员，各村也聘请了懂技术、有威望的群众，日夜在施工工地监督施工质量，从施工工序上把好质量。并设立了举报电话，通过广大群众的参与加强"村村通"建设质量监督，为群众建设高质量的出村路。

（九）通过计量支付，严把质量关

分项工程完成后，经自检、抽检合格，监理认可签字后将工作量和施工质量有关材料报市地方道路管理处。市地方道路管理处进行检查验收，合格后拨付资金，不合格的坚决停拨资金，返工再来。

（十）抓好薄弱环节和要害部位，搞好质量控制

县道二级路建设由乡镇负责的路基成型任务，在备土和碾压成型中质量有明显漏洞。针对这一问题，焦作市地方道路管理处采取了群众开始上土，专业队伍立即介入，路基碾压由专业施工队伍完成，乡镇和施工队伍签约，由乡镇筹措资金支付碾压费用及各方面有机结合的措施。要害部位之一的高填方路段和软土路基处理，市地方道路管理处提出为长远利益考虑，当质量与资金发生矛盾时该投入的必须投入，不惜代价确保质量。对软土路基他们采取挖清淤泥后下铺 50 cm 厚砂砾石，用灰土分层碾压，以增强路基强度的措施，保证路基压实度达到设计要求，保证施工质量，经过努力，质量控制取得了较好成效。

第三节　加强农村公路管理养护，提高农村公路服务质量

（1）出台政策，加强养护。2003 年焦作市出台了《焦作市县乡公路养护和路政管理暂行规定》（市政府 30 号令），该规定对县乡政府在辖区道路养护与管理过程中的主体责任，市、县、乡、村管理体系组织和主管部门的责任，养护管理的目标与养护管理资金的筹措等农村道路建设管理的核心内容予以明确，使市农村公路养护管理工作有规可依。该规定实施以来各县市区和各乡镇政府认真贯彻落实，并且投入大量资金，对焦作市的农村公路进行养护管理，落实了市、县、乡、村四级养护组织，基本实现了路基养护管理群众化，路面养护专业化、机械化。

为了进一步加强管理养护，经过多方调研，焦作市正积极对《焦作市县乡公路养护和路政管理暂行规定》进行修改，正准备出台正式《规定》。在养护资金筹措上加大力度，准备通过规章的形式明确市财政每年支持 2 000 万元用于农村公路养护，保证养护投入。

（2）明确思路，强化措施。在养护上焦作市坚持“以建带养”的方针，为搞好地方道路养护奠定基础。即通过逐步改建，解决道路通行质量差的问题，同时针对新改建的县道二级路、农村公路里程长、标准高的实际情况，为在更高层次上满足人民群众对公路交通条件的需求，焦作市地方道路管理处确定了“养护工作提前介入”的工作原则，即：在考虑工程建设问题的同时考虑工程完工后养护问题。他们狠抓了“焦作市县乡公路建设改造技术要求”的落实工作，在大部分

县乡道路路段做到了路成、路肩、边坡、边沟成，为县乡道路养护留下了工作空间，为道路下一步美化工作奠定了基础。

(3)深化改革，为养护发展提供动力。为全面提高养护质量和资金利用效率，焦作市积极探索地方道路养护面向市场的新途径，进一步加大改革创新力度，结合外地市管养先进经验制订了《养护综合改革方案》，进一步加大设备资金投入，建立起专业养护和群众性养护相结合、季节性养护和经常性养护相结合、改善改造和小修保养相结合的全新养护机制，建设机械化、专业化的养护队伍。

在制订《养护综合改革方案》的同时，他们本着积极稳妥的原则，大胆探索，勇于实践，努力做到改革与地方道路实际的紧密结合，逐步摸索出最大限度地调动当地政府和群众积极性，最大限度地发挥资金效益，最大限度地提高养护质量的有焦作市特色的养护办法。

在路基养护上，孟州市在县道中推行道路路基竞争承包，以养护站为单位，通过养护招标选择站长，实行站长负责制，站长与养护工实行双向选择，承包人有用工、工资发放、工作考评等多种自主权，不仅每年可节约人员经费10多万元，还充分调动了养护工的工作积极性。沁阳市在养护工作中积极引进市场机制，一是打破养护生产固定用工的常规用人机制，对列养线路择优招聘养护人员，沁伏路上招聘13名养护工。博爱县、武陟县对县道实行路基管理养护承包，承包者工资为每千米养护每月100元，实行末位淘汰制，对承包者实行月百分考核，连续三个月位居全县后三名者，给予警告，下个月仍无起色的予以淘汰。

在路面养护上，县市区地方道路管理部门成立路面机械化专业养护公司，焦作市地方道路管理处先后投入230万元，购置了多功能养护车、养护专用汽车、压路机、拖拉机、割草机、振动夯、冲击夯等机械设备和养护机械，壮大了养护生产部门实力，同时，申报成立公司，6个县市地方道路管理处养护公司均已申请了养护资质，为适应养护市场化提前做好准备。

(4)开展县道二级路村镇路段治理和城乡道路治理。县道二级路村镇路段治理工作成效显著。2003年年初，为了提高焦作市城市整体水平，按照市委的安排部署，当年1月～4月中旬，全市积极开展了县道二级路村镇路段治理工作。在市委组织部门的精心组织，积极协调下，各县市区严格遵守“六到位、六不准、五抓紧、四结合”的总体要求。①“六到位”，即指导思想认识到位、规划到位、边沟建设到位、美化净化到位、绿化到位、党员活动平台建设到位。②“六不准”，即不准留残垣断壁、不准乱搭乱建、不准乱写乱画、不准有垃圾和污水滞留、不准占道经营。③“五抓紧”，即责任领导抓紧工作，始终坚守工作岗位；抓紧组织群众，集中力量开展工作；抓紧时间，昼夜不停；抓紧培育一批典型；抓紧时间加快进度。④“四结合”，即把此项工作同焦作市创建中国优秀旅游城市、国家卫生城市、省级文明城市结合起来，同转变机关作风大讨论结合起来，同基层组织建设“双评”、“双创”活动结合起来，同即将开展的党员先进性学习教育平台活动结合起来。

按照上述总体要求，强化领导，周密安排，完善措施，严格标准，认真组织落实，严格督导检查，历经4个多月这项工作圆满完成。全市共投入资金1 370万元，出动劳力84 200人，出动机械48 000余台次，浆砌边沟167 447 m，涂白墙壁86 748 m，街道绿化102 235 m，拆除违章建筑4 166间，修复残垣断壁13 652 m，清运垃圾37 806处，取缔占道经营摊点2 270个，建立固定垃圾倾倒点347个，建设党员活动平台108个。

2003年按照市政府城乡道路环境综合整治工作的要求，全系统干部职工思想上到位，行动上统一，按照要求大力开展此项工作。首先，及时对地方道路进行路况调查，按病害分类编制治理计划。其次，加强领导，健全组织，依据治理计划，细化工作步骤。再次，搞好宣传，营造整治氛围。最后，明确分工，严格奖罚。督导组、拆迁组、规划组等六小组分工负责，完不成任务者通报批评。截至目前，全市地方道路整修路面33 717 m^2，整修护坡48 510 m^2，处理边沟219.8 km，清理马路市场38个，安装标志标牌1 257个，取得了阶段性成果。

(5)定期开展道路路基整理活动。从2004年开始,连续四年于3、4月间开展全市范围的列养道路路基整理竞赛活动,评出优秀路段和精品路段进行奖励,调动了广大养护人员的工作热情,并为全年的养护工作奠定了基础。

(6)开展农村公路"双文明示范工程"创建活动。为巩固农村公路的发展成果,建立长效机制,加强农村公路管理养护,充分发挥农村公路的经济效益和社会效益,延长道路使用寿命,积极推进社会主义新农村建设,焦作市地方道路管理处于2007年在全市范围内开展农村公路"双文明示范工程"创建活动(即"文明示范路"和"农村公路管理养护文明示范乡镇"创建活动)。

"文明示范路"建设活动从2007年年初已开始组织实施,为保证活动效果,将于8月下旬和10月下旬进行两次阶段性验收评定。截至2007年5月底,全市共有250 km农村公路列入创建计划范围,其中,县道151.84 km,乡道60.93 km,村道37.23 km。共栽植绿化树木25.22万株,整修路肩边坡60.74万 m^2,挖补坑槽5 675 m^2,清理垃圾堆放物3 000 m^3,完成县道绿化89.4 km,乡道绿化23 km,村道绿化25 km,完成路肩加宽整理县道19 km,乡道11 km,村道14.5 km。为保证"双文明示范工程"创建效果,焦作市地方道路管理处提出了明确的奖惩办法:"文明示范路"建设活动的启动资金补助标准为县道10 000元/km,乡道8 000元/km,村道5 000元/km,其余等省交通厅验收确认后,按照省标准补齐。对完成任务快、标准高的单位进行现金奖励,经验收评定,能够在8月中旬前完成"文明示范路"建设任务的前三名单位将分别给予10万元、8万元、5万元的现金奖励;在10月中旬前仍未完成"文明示范路"建设的,市处将扣回活动补助资金,并在全市范围内予以通报批评。

"文明示范乡镇"建设活动依据评定办法,创建年奖励现金5万元,保持年奖励现金2万元。为保证创建效果,市地方道路管理处在资金十分紧张的情况下,给予每个创建文明示范乡镇启动资金2万元，推动创建工作的开展。至目前，全市共有24个乡镇开展了创建活动，开展创建活动的乡镇农村公路管理养护站均已经建立，并有专人负责与县市区业务部门进行联系，接受县市区业务部门的工作指导和业务监督，80％的乡镇已经建立村级管理养护组织。

(7)加强路政管理，保护路产路权。加大对路政管理的人力、物力、财力的投入，焦作市地方道路管理处成立路政管理支队，各县市区成立路政管理大队，并为路政部门配备了车辆、收集证据的数码设备，建立每条县道和重要乡道的路政档案，与沿线乡镇结合，成立义务路政巡查员队伍，进一步明确路政管理部门和义务路政员的职责，加强巡查，依法治理超限行为和保护路产路权。对破坏路产路权的行为要按照法律程序依法执法，依法处罚。县道二级公路限超仍以设立超限墩为主，必要的地方设立超限检查点，人员配备上以义务路政员为主，避免超载车辆行驶于地方道路上，造成路面的大面积损坏。

组织路政人员认真学习路政管理法规，学深学透，严格按照法律、法规的程序执法，文明执法，杜绝执法违法及“公路三乱”现象的发生。

(8)开展养护技术竞赛，提高养护技能。为提高养护工技术水平和养护施工规范化程度，我市从建处开始，每年均开展养护工技能培训活动，并举行全系统养护工技术竞赛，通过竞赛促学习，通过培训促管理。

第四节　创新机制，科学管理，农村公路发展有动力

创新是农村公路发展不竭的动力和源泉。焦作市在农村公路发展中，推进“四个创新”，保证了全市农村公路又好又快发展。

(1)理念创新。创新计划管理理念，为保护群众的修路积极性，允许在“十一五”规划范围内自筹资金，在不增加农民负担的基础上先行建设，在省交通厅、公路局认可的情况下，下一年优先安排项目

和资金。2006 年为实现真正意义上的“村村通”,焦作市先行自筹资金建设了 202 km 已经严重损坏的县乡道路,且允许经济条件好的乡村先行建设当年没有计划,而又符合规划条件的道路。在养护上,逐步引进政府财政投入的理念,探索养护以政府投入为主,多种形式筹资的办法。在路政管理上,破除管理没有效益的思想,树立管理是形象出效益的理念,投资 100 多万元加强路政管理工作。

(2)标准创新。在 2001～2002 年建设的“村村通”工程中,焦作市地方道路管理处创造性地提出全部建设水泥路,提高了建设标准,2005～2007 年“村村通”项目全部按 4 m 地面以上,在“村村通”工程中全部建设水泥路面,最大限度延长道路使用寿命,这些做法受到了省交通厅、省公路局领导的肯定。

(3)技术创新。积极探索新工艺、新方法。利用粉煤灰建设水泥路,每千米“村村通”工程可以节约资金 8 000 余元。投资 300 多万元购置了冷再生机、沥青稀浆封层机,提高了沥青路面的施工效率,降低了施工成本。

(4)奖惩机制创新。对发展农村公路速度快、质量好的县市区给予项目和资金奖励,2006 年对农村公路建设开工早、完成任务好的的修武县奖励 530 万元的项目资金。在养护上,对“十五”养护工作突出的孟州市奖励资金 30 万元。

第五节　建好农村公路,促进新农村建设,实现了“四个和谐”

农村公路的发展,改善了农村运输条件和投资环境,增加了农民收入,扩大了农民就业;加快了农村信息传播和对外交流,改变了传统的生产生活方式和思想观念,激发了农民自力更生、奋发图强的进取精神;加快了农村城镇化进程,改善了村容村貌,实现了新农村建设和谐发展。

(1)农村公路建设带动了农村基础设施建设的全面发展,促进了农民生活环境的和谐。修好路，为新农村建设打下基础，带动了农村公用事业的全面发展。实现“村村通”后，全省加大对农村教育、卫生、水利基础设施的投入力度，改善了群众的上学难、看病难、吃水难、灌溉难等问题。路通带来了电通，电视、电话通，大大改善了农民的生产生活环境。

(2)农村公路建设促进了农村产业结构调整，增加了农民收入，推动了农村经济的和谐发展。农村公路的迅速发展促进了农业结构调整，推进了农业产业化经营，改变了原来以粮食种植为主的单一模式。焦作市依托迅速发展的农村公路，积极调整产业结构，形成了小麦种子、怀药、蔬菜等六大农业标准化生产基地建设，建成了标准化生产示范区 106 个，林浆纸一体化项目建成工业原料林基地 50 万亩。一批规模化、标准化的饲养场建成投用，畜牧业产值占农业总产值的比重达到 42.9%，形成了蒙牛、绿旗、斯美特等一批规模较大的农业产业化龙头企业，为该市农民收入的提高奠定了基础。

农村公路的迅速发展、交通运输的快速便捷，改变了山区群众盲目开垦荒山种植粮食的思想，转变为大量种植经济果木，增加了收入，促进了“退耕还林”措施的落实；利用俊秀的自然山水条件发展旅游，把资源优势转变为经济优势，促进了人与自然的和谐。

(3)农村公路建设促进了农民思想观念与市场经济的和谐。农村公路的发展使广大农民走出了家门，促进了生活观念的转变，人员、物资、信息和资金的流通大大加快，干部群众思想观念不断更新，市场意识、开放意识明显增强。越来越多的农民自觉学习掌握新的实用技术，实行科学种田；走向市场、大力发展二、三产业，开展多种经营；每年还有 15%的农村劳动力外出务工或经商。2000 年，沁丹路开通后，这个地区优美的自然景观和丰富的人文景观得到开发，建设了丹河峡谷风景名胜区，建设民俗宾馆 30 多个，游客人数逐年增加。2006 年接待游客 8 万人次，旅游综合收入 550 万元，被河南省评为“2006 年卫生村”，使这个昔日的贫困村旧貌换新颜。

路，带来了村民们思想观念上的嬗变。博爱县许良镇吴窑村地处深山,过去村民们想上趟县城要往返7 km才能搭上客车,往返要花费一天时间,村里一辈子没去过县城的大有人在。姑娘争着向外嫁,小伙子争着出外打工。路修通了,进城办事很方便,山外大量科技致富信息等新鲜事物涌了进来。村民们纷纷种果树、搞养殖、采药材,山里人眼界开阔了,逢人就说:“早些年咱咋就不知道还有这么多致富门路呢!”

(4)通过农村公路建设促进了干群关系的和谐。党中央、国务院切实减轻农民负担,加大对农村公路的投资力度,国家、部、省领导多次深入贫困山区,悉心体察民情;乡村两级干部带头捐款,千方百计筹集资金,积极发动群众,组织施工,树立了党和政府的形象,融洽了干群关系,维护了农村社会稳定,增强了党和政府的号召力和凝聚力。各村通过村民代表大会、“一事一议”的方式筹集资金、组织建设,有效调动了村民参与公共事业、关心农村发展的积极性,推动了民主管理的进程。

地处大山深处博爱县寨豁乡干柴凹村的群众用顺口溜表达了心声:“公路通,百业兴,村变富,人变精;唐修塔,宋修庙,共产党领咱修大道,修完大道修村道,共产党和咱的政府就是好!”

附　录

附录一

焦作市县乡公路养护和路政管理暂行规定

(2003年8月20日以焦作市政府令第30号令发布,自2003年10月1日起施行)

第一章　总　则

第一条　为加强县乡公路养护和路政管理,提高公路养护质量和路政管理水平,保障县乡公路畅通,根据《中华人民共和国公路法》等有关法律、法规,结合本市实际情况,制定本规定。

第二条　本规定适用于本市行政区域内县乡公路的养护管理和路政管理。

第三条　本规定所称县乡公路是指连接城间、城乡间、乡间能够行驶汽车,不属于国道、省道,经县级以上交通主管部门验收认定的公共道路(包括桥梁、隧道、渡口)。

本规定所称县道二级公路是指2000年以后新建或经过改建、达到二级路标准,经市级以上交通主管部门验收认定的县道。

本规定所称重要乡道是指2000年以后新建或经过改建,达到三级路以上标准,经县级以上交通主管部门验收认定的在本地较为重要的乡道。

第四条　县乡公路养护和路政管理工作实行统一领导、部门管理、分级负责的原则。

县(市、区)、乡(镇)人民政府应将县乡公路养护和路政管理工作纳入年度工作目标任务。

第五条　市、县(市、区)交通主管部门是本行政区域内县乡公路养护和路政管理工作的主管部门。县乡公路管理机构具体负责日常养护管理工作;交通主管部门依法委托县乡公路管理机构具体负责日常路政管理工作,对受委托机构的行政执法工作进行指导、监督、协调和服务。

财政、公安、农机、建设、规划、国土资源、水利、通信、电业、林业、工商等部门应当按照各自职责,配合交通主管部门做好县乡公路养护和路政管理工作。

第六条 县乡公路养护应逐步采用新材料、新技术、新设备,并积极探索新的养护管理模式,以提高工作质量和效率,降低工作成本。

允许具有一定技术力量和管理能力的专业养护队伍经竞争、择优程序后参与县乡公路养护工作。

第七条 任何单位和个人不得破坏、损坏或者非法占用县乡公路、公路用地及公路附属设施。

第二章 养护和路政管理职责

第八条 县(市、区)人民政府履行以下职责:

(一)组织协调政府有关部门做好本行政区域内县乡公路养护和路政管理工作;

(二)筹措养护资金,监督养护资金的使用;

(三)组织公路集中整修和受灾公路抢修工作。

第九条 乡(镇)人民政府履行以下职责:

(一)组织本行政区域内乡道的养护管理,协助做好县道养护管理工作;

(二)做好受灾公路抢修和修复工作;

(三)协助做好本行政区域内县乡公路路政管理工作;

(四)组织做好出村道路养护工作。

第十条 市交通主管部门及其县乡公路管理机构履行以下职责:

(一)制定全市县乡公路养护发展规划,拟订年度养护计划;

(二)指导各县(市、区)县乡公路养护工作;

(三)组织审核批准中修、大修、改建工程技术方案,监督检查养护工程实施及其质量并组织验收;

(四)提出市级养护资金使用计划,并负责计划执行;

(五)负责县乡公路路政管理工作;

(六)做好县乡公路养护管理的其他工作。

第十一条 县(市、区)交通主管部门及其县乡公路管理机构履行以下职责:

(一)做好县道日常养护管理工作,组织实施中修、大修、改建工程,保证工程质量;

(二)落实养护计划,确保养护工程资金专款专用;

(三)监督指导乡道养护工作;

(四)做好县乡公路路政管理工作;

(五)做好县乡公路养护管理的其他工作。

第十二条 县(市、区)人民政府应在公路建设完成后,以正式通告形式对县乡公路管理机构的具体管辖线路和有关乡(镇)的养护管理责任予以确认。

第三章 公路养护

第十三条 交通主管部门应按公路养护技术规范,加强对县乡公路养护的监督管理,保证县乡公路畅通。

第十四条 县乡公路养护资金实行多方筹措、统一管理、分级使用的原则。

(一)县乡公路管理机构按2 000元/年·公里的标准列支养护专项资金,用于县道二级公路及重要乡道的小修保养;县(市、区)、乡(镇)人民政府应分别依据本行政区域内县道二级公路和重要乡道的里程数,在财政预算中安排小修保养资金,标准不低于1 000元/年·公里。县(市、区)、乡(镇)列支资金按月拨付到县(市、区)财政部门指定专用账户。

(二)县乡公路遇到大的自然损毁或需要进行中修、大修、改善工程时,县(市、区)县乡公路管理机构应及时向本县(市、区)人民政府和市县乡公路管理机构报告,县级财政和市县乡公路管理机构应列支专项补助资金拨付专用账户,用于损毁路段的修复和养护工程。

第十五条 县乡公路养护资金专款专用,任何单位、个人不得挤占、挪用。

县级以上交通主管部门每年应向本级人民政府报告上年度县乡公路养护资金使用情况(具体支用办法由财政、审计和交通主管部门共同制定)。

第十六条 县道的桥梁、隧道及沥青路面、混凝土路面由县(市、区)县乡公路管理机构设立的专业养护队伍养护;县道路基及砂石路面实行承包养护,由县乡公路管理机构组织,在县乡公路管理机构内部人员或沿线农户中聘用。

县乡公路管理机构应当采用联路计酬、末位淘汰等方式,对聘用人员进行考核管理,不能达到工作要求的,应当解除聘用关系。

第十七条 乡道的桥梁、隧道及沥青路面、混凝土路面由乡(镇)人民政府组织招聘专业队伍养护;乡道的路基及砂石路面由乡(镇)人民政府组织面向公路沿线农户分段招聘承包养护。县(市、区)交通主管部门、县乡公路管理机构应对乡道养护工作进行业务指导。

第十八条 县(市、区)、乡(镇)人民政府应组织群众进行冬、春季两次县乡公路路面、路基整修。具体组织形式和用工补助标准由县(市、区)人民政府根据本地实际情况制定。

第十九条 县乡公路养护用地、留地及砂石料场,由当地人民政府按照国家、省有关规定划定,保证养护工作需要。

对县乡公路养护需要的挖砂、采石、取土以及取水,县(市、区)、乡(镇)人民政府及有关部门应当依法给予保障和支持,任何单位和个人不得借故阻挠和非法收费。

第二十条 为保障公路养护人员的人身安全,公路养护人员进行养护作业时，应当穿着统一的安全标志服；利用车辆进行养护作业时，应当在公路作业车辆上设置明显的作业标志。

公路养护车辆进行作业时，在不影响过往车辆通行的前提下，其行驶路线和方向不受公路标志、标线限制；过往车辆对公路养护车辆和人员应当注意避让。

公路养护工程施工影响车辆、行人通行时，施工单位应当在施工路段两端设置明显的施工标志、安全标志。需要车辆绕行的，应当在绕行路口设置标志；不能绕行的，必须修建临时道路，保证车辆和行人通行。

第二十一条 县乡公路宜林路段应当进行绿化，林业部门制定县乡公路绿化规划，交通主管部门和县乡公路管理机构制定县乡公路美化规划，县(市、区)、乡(镇)人民政府组织栽植和管理。

县乡公路美化绿化应符合《公路工程技术标准》及林业、电力等相关行业的规定。

路林需要采伐的，应按有关法律、法规规定审核批准后办理，并及时完成更新补种任务。

第四章 路政管理

第二十二条 县(市、区)人民政府应当确定县乡公路两侧边沟(截水沟、坡脚护坡道)外缘起1.5米为公路用地，并组织有关部门依法办理用地手续。

第二十三条 县乡公路两侧建筑控制区范围由县(市、区)人民政府依法划定，但范围不得低于边沟(截水沟、坡脚护坡道)外缘起15米。

有关部门进行有关土地规划及审批时，不得与县乡公路建筑控制区范围相冲突。

在县乡公路沿线审批新建开发区、工业区时，应当征求交通主管部门的意见；编制县乡公路沿线的城镇总体规划时，规划部门应听取交通主管部门的意见，规划评审时应有交通主管部门参加。

第二十四条 任何单位和个人不得擅自占用、挖掘县乡公路。因修建工程设施必须临时占用、利用县乡公路时,建设单位应当事先经交通主管部门同意;其中占用、利用县道的,应当事先经市县乡公路管理机构同意,并报市交通主管部门批准;影响交通安全的,还须征得有关公安机关的同意。占用、挖掘县乡公路的,建设单位应当按照不低于该段公路原有的技术标准予以修复、改建或者给予相应的经济补偿。

第二十五条 跨越、穿越县乡公路修建桥梁、渡槽或者架设、埋设管线等设施,以及在公路用地范围内架设、埋设管(杆)线、电缆等设施,应当事先经交通主管部门同意;其中跨越、穿越县道的,应当事先经市县乡公路管理机构同意,并报市交通主管部门批准;影响交通安全的,还须征得有关公安机关的同意。所修建、架设或者埋设的设施应当符合《公路工程技术标准》的要求。对县乡公路造成损坏的,应当按照损坏程度给予补偿。

第二十六条 在县乡公路、公路用地范围内禁止下列行为:

(一)设置电杆、变压器及其他类似设施;

(二)打场、晒粮、焚烧物品、摆摊设点、堆放物品、倾倒垃圾、排放污物、设置障碍;

(三)采矿、取土、挖沟、引水、烧窑、制坯;

(四)集市贸易;

(五)违法利用、侵占、损坏、污染县乡公路及公路用地和影响公路畅通的其他行为。

已有集市贸易的,县(市、区)、乡(镇)人民政府应当组织限期迁移,保证县乡公路畅通。

第二十七条 在县乡公路建筑控制区内禁止新建、改建建筑物、地面构造物和设施。在县乡公路建筑控制区内埋(架)设管线、电缆等设施的,应当事先经交通主管部门批准;其中在县道建筑控制区内进行的,应当事先经市县乡公路管理机构同意,并报市交通主管部门批准。

第二十八条 任何单位和个人不得损坏、擅自移动、涂改县乡公路附属设施;不得损坏县乡公路绿化带的树木花草。

第二十九条 县道标志号由县(市、区)交通主管部门及其县乡公路管理机构按照规定设置和管理;乡道标志号由乡(镇)人民政府按照规定设置和管理,县(市、区)交通主管部门及其县乡公路管理机构负责监督指导;县乡公路安全标志号由公安交通管理部门按照规定设置和管理。

未经县级以上交通主管部门或其县乡公路管理机构批准,禁止任何单位和个人在乡道及公路用地范围内设置公路标志以外的其他标志;未经市县乡公路管理机构同意和市交通主管部门批准,禁止任何单位和个人在县道及公路用地范围内设置公路标志以外的其他标志。

第三十条 县乡公路建筑控制区边缘从事经营活动的单位和个人,应当设置停车场地,需停驶车辆不得在公路上停放。

第三十一条 在县乡公路上增设平面交叉道口,必须经交通主管部门或其县乡公路管理机构批准;其中在县道上增设平面交叉道口的,必须经市县乡公路管理机构同意,并报市交通主管部门批准。增设平面交叉道口应按《公路工程技术标准》修建,并应缴纳有关费用。公路改建、扩宽需要时,道口使用者必须无偿拆除。

原有交叉道口,不符合《公路工程技术标准》或侵占、损害县乡公路的,由道口使用方负责改建。

在县乡公路两侧从事经营活动的单位和个人,利用公路修建可供车辆出入的道路的,应当按照本条第一款、第二款的规定执行。

第三十二条 运输煤、灰土、油料、砂石、化学液体等易遗漏、易抛撒物资的车辆,应当采取防护措施,不得污染、损坏公路。污染、损坏公路的应当承担清理和赔偿费用。

第三十三条 机动车辆在县乡公路上行驶不得超过下列规定值:

(一)轴载质量

1. 单轴(每侧单轮胎)轴载质量 6 000 千克;单轴(每侧双轮胎)轴载质量 10 000 千克;

2. 双轴(每侧单轮胎)轴载质量 10 000 千克;双轴(每侧各一单轮胎、双轮胎)轴载质量 14 000 千克;双轴(每侧双轮胎)轴载质量 18 000 千克;

3. 三联轴(每侧单轮胎)轴载质量 12 000 千克;三联轴(每侧双轮胎)轴载质量 22 000 千克。

(二)车货装载的高度、长度、宽度和车货的总质量

1. 车货总高度从地面算起 4 米;

2. 车货总长度 18 米;

3. 车货总宽度 2.5 米;

4. 车货总质量 40 000 千克。

第三十四条 在县乡公路上行驶的车辆的轴载质量应当符合《公路工程技术标准》的要求。对有限定荷载要求的县乡公路,超过荷载要求的车辆严禁行驶。

第三十五条 造成县乡公路损坏的,责任者应当及时报告县乡公路管理机构,并接受县乡公路管理机构的现场调查。

第三十六条 交通主管部门应建立县乡公路路政管理网络。

县(市、区)交通主管部门可在县乡公路沿线乡(镇)聘任兼职路政员和义务路政员,协助交通主管部门、县乡公路管理机构的路政管理工作。具体组织形式和用工补助标准由县(市、区)交通主管部门根据本地实际情况制定。

兼职路政员的主要职责是:坚持日常公路巡视;制止对县乡公路、公路用地和县乡公路附属设施的非法侵害;协助交通主管部门、县乡公路管理机构路政管理人员监督经审核批准利用、占用、挖掘公路事宜的执行;协助实施养护施工作业时的交通控制;及时向交通主管部门、县乡公路管理机构报告有关情况。

义务路政员的主要职责是:制止对县乡公路、公路用地和县乡公路附属设施的非法侵害;及时向交通主管部门、县乡公路管理机构报

告有关情况。

第三十七条 交通主管部门、县乡公路管理机构应当加强路政巡查，及时查处各种侵占、损坏路产及其他违反《公路法》等有关法律、法规的行为。

第三十八条 车辆行驶县乡公路对公路造成较大损害或超限运输车辆拒不接受检测的，交通主管部门、县乡公路管理机构有权责令其立即停车，接受处理。不能当场处理的，交通主管部门、县乡公路管理机构可以暂扣车辆，调查、处理后应当立即放行车辆。

第三十九条 路政管理人员依法在县乡公路、建筑控制区、车辆停放场所、车辆所属单位等进行监督检查时，任何单位和个人不得阻挠。

路政管理人员执行公务时，必须按规定统一着装，佩戴标志，持证上岗。

第四十条 用于县乡公路监督检查的专用车辆，应当按国家规定设置统一的标志和示警灯。

第四十一条 发生县乡公路交通事故时，公安机关应在接到报案后，立即派员赶赴现场，按国家规定采取措施，迅速恢复交通。交通主管部门、县乡公路管理机构应积极予以协助。

发生县乡公路交通事故并给公路造成损失的，公安机关应当及时通知交通主管部门或县乡公路管理机构查验损失。公安机关处理给县乡公路、公路用地及县乡公路附属设施造成损失的交通事故时，应当通知当地交通主管部门或县乡公路管理机构，由交通主管部门或县乡公路管理机构依法追索损失。

第五章 监督检查

第四十二条 拒不履行筹资职责或挪用、侵占县乡公路养护资金的，由上级交通主管部门或本级人民政府责令限期改正，并追究直接责任人和主管人员的行政责任；构成犯罪的，依法追究刑事责任。

第四十三条 县(市、区)公安交通管理部门、交通主管部门、乡

(镇)人民政府未按本规定第二十九条设置和管理县乡公路安全标志号、公路标志号的,由县(市、区)人民政府或市公安交通管理部门、市交通主管部门责令改正;情节严重的,追究有关责任人的行政责任。

第四十四条 未按要求完成养护计划、路政管理任务,导致县乡公路严重污损破坏,造成严重社会影响的,由上级交通主管部门或本级人民政府追究直接责任人和主管领导的行政责任。

第四十五条 各级交通部门应当加强对路政情况的执法检查,对违反路政管理法律、法规及本办法规定的单位和个人,依照《中华人民共和国公路法》予以处罚。

第四十六条 有下列行为之一的,由公安机关依照《中华人民共和国治安管理处罚条例》予以处罚;情节严重、构成犯罪的,依法追究刑事责任:

(一)阻碍正常公路养护作业的;

(二)阻碍公路抢修,致使公路抢修不能正常进行的;

(三)损毁公路或者擅自移动公路标志,可能影响交通安全的;

(四)拒绝、阻碍路政管理人员依法执行公务的。

第四十七条 当事人对交通主管部门行政处罚不服的,可依法申请行政复议或提起行政诉讼。

第四十八条 交通主管部门、县乡公路管理机构的工作人员玩忽职守、徇私舞弊、滥用职权,构成犯罪的,依法追究刑事责任;尚不构成犯罪的,依法给予行政处分。

第六章 附 则

第四十九条 本规定执行中的具体问题由市交通主管部门负责解释。

第五十条 本规定自二〇〇三年十月一日起施行。

附录二

焦作市农村公路管理养护文明示范乡镇评定办法

第一条 农村公路管理养护文明示范乡镇的评定(以下简称"评定")目的是为了落实我市农村公路三级管养体制,引导乡镇政府切实承担起在农村公路管理养护工作中的责任,全面提升我市农村公路养护工作质量,充分发挥其在地方经济建设中的作用。

第二条 文明示范乡镇在农村公路管理养护工作上应做到组织有力,落实有方,协调积极,效果良好,具体应达到如下要求:

1. 乡镇建有道路管理养护站,副乡(镇)级领导或乡(镇)级领导任站长,有乡道、村道管理养护工作计划和工作目标,有全乡(镇)养护管理人员例会制度和例会记录,有日常养护管理情况检查记录和管理养护活动记录,乡(镇)有管理养护专项资金且收支账目明晰。

2. 乡镇领导班子成员及所属村的村委会和党支部成员知道《公路法》等法规和河南省政府、焦作市政府规章对于公路、公路用地、公路建筑控制区的管理规定,并能够在工作中依法办事;同时,上述人员和具体进行日常管理养护工作的人员了解道路的基本养护知识。

3. 配合路政管理部门开展县乡公路路政管理工作,积极解决现有县道和乡道上的马路市场问题、沿路晒粮及堆弃垃圾杂物问题和故意损毁公路设施问题。

4. 正确认识乡道的公路性质,全面承担乡道养护工作,安排专人进行日常养护巡查和养护生产,完善公路交通设施,遇有需进行养护工程的,积极筹措资金,申报计划,组织工程工作,并做好道路保通。

5. 乡镇政府督促、指导落实村道管理养护工作,村委会具体落实:把村道作为村民集体财产和重要的农村基础设施列入村民自治范畴,由村民大会或村民代表大会"一事一议"决定村道的管理养护方式、村道管理和使用规则,并以村规民约形式确定下来,确保村道在保证通行功能基础上的秩序使用。

6. 所有经过硬化的乡村道路达到“条条道路有人管”,且管理有序,能够基本达到路面无明显影响行车的病害、路肩培置整齐、边坡稳定、排水防护设施齐全、绿化完善优美、必要的道路交通标志齐备,道路整体上能够达到交通环境整洁优美。

7. 乡镇政府在遇到道路管理养护方面的疑难问题时,能够与县(市、区)交通、农村公路业务部门进行积极主动的沟通。

第三条 评定活动以乡镇为单位,评分内容包括总体、道路养护、公路路政和道路建设四个方面(评分标准详见附表)。

第四条 评定分数条件,计分标准见附表:

每一项内容基本得分=该项基本分数-该项扣分;

每一项内容得分=该项基本得分+该项另加分,

当各单项基本得分不低于该项基本分数60分,且四项总得分不低于1 000分时,所考评乡镇方可评定为文明示范乡镇。

第五条 评定步骤及时间安排:

1. 拟参加评定的乡镇应不迟于当年1月份向本县(市、区)农村公路业务部门提出评定意向,各县(市、区)业务部门汇总后向市地方道路管理处报告,以便市、县(市、区)业务部门日常检查督促。

2. 由各县(市、区)业务部门组织半年检查,目的是对照标准进行督促。

3.12月下旬由各县(市、区)交通局组织进行初评,经认定后,由焦作市地方道路管理处组织进行复核终评。

第六条 评定奖励:

文明示范乡镇经认定后,以焦作市交通局名义授予文明示范乡镇称号,颁发奖杯、证书,当年颁发5万元奖金,在市级媒体上给予宣传。

第七条 附则:

1. 乡镇被评为农村公路管理养护文明示范乡镇后,市、县(市、区)农村公路业务部门,还将继续跟踪其农村公路管理养护工作,保持年,文明示范乡镇可得到 2 万元奖金;若发现有不符评比标准现象,县(市、区)业务部门将对乡镇提出明确详细的工作意见并限期改正,未按标准整改者,将由焦作市交通局取消其文明示范乡镇称号,收回奖杯,并在市级新闻媒体上予以公示。

2. 文明示范乡镇评定年和保持年的奖金均由各县(市、区)农村公路业务部门监督使用,要求全部用于农村公路建设和管理养护。

3. 乡镇在农村公路工作中发生重大责任事故的不得评定为文明示范乡镇,已经是文明示范乡镇的取消其资格。

4. 本办法的解释权归焦作市地方道路管理处。

附表

焦作市农村公路管理养护文明示范乡镇评定活动计分标准

项目	工作要求	基本分数	扣分		另加分	
			标准	分数	标准	分数
一、总体	1. 乡镇政府设有农村公路管养站,有专人负责农村公路管理养护工作; 2. 在国家政策范围内,筹集有专项资金用于农村公路养护和建设; 3. 乡镇政府积极就农村公路建管养问题与县业务部门进行联系,接受县业务部门指导和质量监督; 4. 贯彻执行公路管理法规,并进行大力宣传	200	1. 乡镇政府未建立农村公路管养站,无人负责农村公路工作; 2. 未筹集农村公路专项资金或有挪用现象; 3. 无农村公路养护计划或计划编制不合理,落实不到位	60 50 30	1. 由一名副乡镇以上级别领导任站长,把农村公路工作纳入乡镇责任目标; 2. 专项资金收支账目明确; 3. 宣传公路管理政策法规深入细致,使广大群众形成爱路护路共识	20 20 20
二、道路养护	1. 每年组织群众利用农闲季节整修本乡镇境内道路; 2. 积极组织群众抢修水毁路段;	500	1. 没有组织群众进行道路全面整修; 2. 出现水毁工程有等、靠思想,不积极抢修,由于乡镇原因造成县乡公路交通中断达3天; 3. 宜林路段绿化率未达90%或县乡公路上管理养护不善影响行车;	40 40 60	1. 组织群众性整修活动成效显著; 2. 在业务部门指导下主动进行境内农村公路养护工程,开展绿化美化路段建设;	10 40

续附表

项目	工作要求	基本分数	扣分		另加分	
			标准	分数	标准	分数
二、道路养护	3. 县乡公路宜林路段绿化率达到90%，管理养护良好； 4. 对境内县道养护予以积极配合； 5. 乡镇政府全面承担起境内乡道、村道的养护管理工作，乡道养护操作符合《公路养护技术规范》等技术规范要求	500	4. 乡镇农村公路管养站环境不整，无必要的上墙图表，不能承担起定期召开工作例会、农养工日常管理等职责；	60	3. 养护施工保通措施完善，现场秩序良好；	30
			5. 本乡镇内乡道和有硬化路面村道不能达到100%有人养护；	60	4. 乡道养护大中修和改善工程设计合理，开、竣工报告齐全、完整，施工组织设计完善合理，试验检测资料齐全，进度、质量报表报送及时、准确，监理制度健全	40
			6. 有硬化路面乡道标志号设置不合要求；	30		
			7. 需乡镇发放的养护人员补助发放迟达或超过3个月；	40		
			8. 县乡公路有明显的排水困难路段、病害严重影响行车路段和脏乱路段；	60		
			9. 桥涵构造物不完整，无明显处理措施，存在安全隐患；	60		
			10. 每年年初不进行路况普查；	30		
			11. 农村公路路基养护标准普遍偏低；	60		
			12. 不进行乡道、村道路面养护导致路面病害严重或虽进行养护但前修后坏严重；	50		
			13. 不能配合县业务部门进行过境县道养护工程，影响市、县养护工作计划的完成；	70		
			14. 村道不能用村规民约进行有效管理，使用秩序混乱	70		

续附表

项目	工作要求	基本分数	扣分		另加分	
			标准	分数	标准	分数
三、公路路政	1. 对群众常年坚持路政法规宣传教育，对公路及公路用地范围内的摆摊设点、倾倒垃圾等行为采取有效措施进行制止、排除，保障公路通行条件； 2. 乡镇政府对于县乡公路建筑控制区管理有明确意见，并认真落实； 3. 乡镇政府积极配合业务部门进行路政执法； 4. 乡镇有兼职路政管理员，村有义务路政管理员，公路巡查经常化，及时制止、报告； 5. 路树管理养护承包有协议	200	1. 无固定宣传标语设施或标语设定不能达到1条/km； 2. 县乡公路上出现马路市场和违章建筑； 3. 乡镇政府不配合县业务部门进行路政执法； 4. 县乡公路路树未经有管辖权的路政部门同意，而进行砍伐； 5. 因未及时制止、报告，导致县乡公路出现重大损失而不能及时处理	30 60 60 60 60	夏收秋种时节，县乡公路上打场晒粮和公路用地范围内堆放秸杆杂物得到有效控制	40
四、道路建设	1. 乡镇政府接受交通业务部门行业管理、业务指导和工程质量监督； 2. 积极组织群众，协调关系，完成市、县、乡公路建设计划； 3. 积极筹措县乡公路建设资金并做好账目管理	100	1. 没有执行工程项目审批制度，工程建设中不实行监理制度； 2. 不按施工技术规范要求进行道路施工； 3. 没有进行必要的实验检测，检测资料欠缺； 4. 道路质量出现重大问题或施工期间有重大事故； 5. 未完成市、县年度建设计划； 6. 筹措资金不到位或虽到位但管理混乱	60 60 60 60 40 60	1. 开、竣工报告齐全、完整，施工组织设计完善合理，试验检测资料齐备，进度、质量报表报送及时、准确，监理制度健全； 2. 施工安全措施齐全，落实得力，施工现场整齐有序	30 30

附录三

焦作市农村公路文明示范路工程实施标准（试行）

第一章　总　则

第一条　为提高我市农村公路管理养护水平，并以此推动我市农村公路规范化管理进程，特制定本标准。

第二条　农村公路"文明示范路"路段建设宜包括县、乡、村道，县道和乡道技术标准应达到三级以上，村道技术标准应达到四级以上，且路面宽度不得窄于 4 m。路段中县道乡道长度不得短于 10 km，村道不得短于 3 km。

第三条　文明示范路建设要因地制宜进行，突出"畅"，保持"洁"，实现"绿"，注重"美"，基本达到路、景、物交织协调，构成流畅、安全、舒适、优美的公路交通环境。

第四条　文明示范路要常年保持与路面中心线相适应的流畅、顺适、鲜明的路面路肩分界线、路肩外缘线以及必要的分道线等特征线型。

第五条　文明示范路内不得出现差等路，各县（市、区）全部文明示范路的年均好路率必须保持在 90% 以上。

第二章　路　面

第六条　道路路面必须采用高级或次高级路面结构形式。

第七条　道路应常年保持路面整洁，路拱适度，排水畅通，行车舒适，无明显影响行车病害，平整度符合《公路养护质量检查评定标准》要求。

第八条　县道、乡道是沥青路面的，应在路面边设置路缘石，路缘石顶面宽不窄于 0.15 m，应与路面边衔接平顺，埋深不小于

0.1 m。

第三章 路 基

第九条 平原区县道、乡道路肩宽度单侧不得低于1.5 m,山区县道、乡道路肩单侧宽度不得低于1 m,村道路肩宽度不低于1 m。

县道路肩边缘应设顶面宽不窄于0.25 m,底宽不窄于0.4 m,外边坡度不陡于1∶1的水泥混凝土路肩边沿带。

第十条 道路应常年保持路肩平整密实,横坡顺适,外缘顺直,与路面衔接平顺,且洁净无杂物。

第十一条 路基边坡稳定,上下边坡刷修整齐、顺适,挡墙等防护设施及植物防护设置合理,且整齐无残缺。

第十二条 排水系统完整,排水设施齐全,挖方路段、不填不挖路段、填方低于0.3 m的路段及穿越村镇路段必须设置边沟,并应视具体情况砌筑边沟,必要处应设置排水暗沟。

第四章 桥涵隧道构造物

第十三条 不得出现宽路窄桥和危桥,小桥涵应与路基同宽。

第十四条 涵洞纵坡平顺,水流畅通,无淤塞。

第十五条 桥涵的帽石、栏杆、扶手必须经常保持完整、顺直、美观。

第十六条 桥梁桥面完整无损且排水畅通、桥面整洁。

第十七条 桥梁伸缩缝处无渗漏、无堵塞、无变形、无开裂。

第十八条 防护工程设施应与当地自然环境相协调,做到坚实、美观、耐用。

第十九条 圬工体表面平整坚实,外形轮廓清晰,线条直顺,勾缝整齐美观,无空洞、脱落现象,沉降缝符合使用要求。

第二十条 隧道应常年保持整洁、通风、无积水,防护设施和排水系统完整。

第五章　沿线设施及安保工程

第二十一条　县道和乡道沿线标志标线设置必须符合《道路交通标志和标线》(GB5768—1999)的规定,并要常年保持完整鲜明。

第二十二条　村道应设置必要的安全警示标志、指路标志,所设标志样式和设置位置应符合国家标准。

第二十三条　穿村过镇路段自入村镇不大于100 m的适当位置起每隔30 m设置一处振荡标线,或设置橡胶减速带,不得随意设置水泥或沥青等材料减速带,以免影响行车安全和路容整洁。

第二十四条　漫水桥和过水路面两侧以及平原地区堤高4 m以上路段,山岭区堤高6 m以上路段和危险路段应在路肩边缘埋设示警桩或防撞墩、防撞墙等设施或按《公路养护技术规范》要求设置护栏。

第二十五条　县道乡道沿线较小的直交交叉路口两侧设置道口标柱(标柱为直径8 cm圆柱,桩距2 m,高出地面80 cm,一律涂以间距为20 cm的红白相间油漆(顶端为红色),每侧2根)。

第二十六条　公路沿线道班或养护公司临路院墙外侧,一律涂以浅黄标志色,院门两侧分别用红字书写“养好公路”、“保障畅通”。

第六章　绿　化

第二十七条　道路应根据“因地制宜、因路制宜”的原则进行路段绿化美化安排,宜林路段要全部合理栽植绿色植物,充分体现与周围景观的和谐。

路段两侧有森林、竹林、果园等景观的,可利用自然景观。

第二十八条　文明示范路绿化要按照“乔木与灌木、花草相结合”的方式进行,应注意开花与无花、落叶与常青的搭配,保证道路交通环境四季有生机。

在用地条件许可的情况下,杨树等乔木宜采用行列对称式方法绿化,县道每边栽植不少于3排树,乡道每边栽植不少于2排树,村道不少于1排树。

第二十九条 绿化植株栽植应均匀整齐，其栽植位置应符合《公路养护技术规范》的有关规定，且要预留林木长成后树冠伸展空间，不得侵入公路建筑净空。

第三十条 绿化树木和花草应及时适度修饰剪理，不得妨碍视距，遮挡交通标志，不得侵占公路建筑净空。

应定期进行路树刷白，并做到整齐划一；对明显歪斜的植株采取措施，加以扶正。

第三十一条 缺损植株应及时进行补植，宜林路段不得出现20 m以上的绿化空白路段。

第七章 管 理

第三十二条 文明示范路应建立日常养护巡查制度、养护处治及验收制度、档案管理制度等，以便及早发现隐患，及时消除病害，消灭影响行车安全、舒适的各种不利因素，保证道路养护质量和养护工作的连续性。

第三十三条 县级农村公路管理机构应定期测定并掌握道路路面情况，并据此作出养护对策，安排养护计划。

第三十四条 文明示范路路面、路基、桥涵构造物、标志标线、绿化等方面存在的问题必须及时予以纠正，其中路面、路基小面积病害处理、桥涵栏杆、圬工体一般缺损处理等不得超过三天；标志扶正、清洁日常养护随时进行；涉及到行人、行车安全的道路病害、标志缺损发现后马上处理。

第三十五条 公路养护生产单位实施公路养护工程作业时，应掌握交通运行情况，并以保障安全和最大限度提高通行能力为原则，根据作业量和作业场地情况，确定作业时段，制订公路养护作业区管理制度，编制养护作业实施方案加以实施，同时严格遵守《公路养护安全作业规程》有关规定。

第三十六条 道路路面部分、桥上和桥头两端各50 m内全路幅、弯道内侧的路肩均严禁堆放建筑材料、垃圾杂物;其余路段的路肩,因养护工程作业,需临时堆料的,应有规则地整齐堆置。

第三十七条 县道、乡道公路用地和建筑控制区应按照《焦作市县乡公路养护和路政管理暂行规定》的规定由当地县(市、区)政府确定,且范围符合规定要求。

公路用地和建筑控制区管理按照《公路法》的规定进行。公路沿线不宜设置道路交通标志以外的其他标志,确需设置广告牌、店名牌、宣传标语等非公路标牌的,须按照许可程序,经许可后方可设置,且标牌设置应做到整齐划一、美观大方。

第三十八条 村道应由村民委员会通过村民大会或村民代表大会明确村道边沟(截水沟、坡脚护坡道)外缘起不低于 1 m 的范围为村道养护优先用地范围,在不改变土地用途的前提下,村道日常养护使用具有优先权,保证村道养护需要(具体优先项目依据实际需要由村民委员会商村道沿线土地使用群众,经村民大会或村民代表大会通过确定)。

第三十九条 公路用地范围内土地应与路肩、边坡等同时安排进行整理,常年处于整洁、稳定、规则状态。

第四十条 文明示范路路面、路肩及沿线设施不得非法侵占,不得占道经营,县道、乡道的道路侵占、损毁事件和违法占用公路用地、建筑控制区事件必须坚决、及时、有力地予以制止和查处。

文明示范路沿线公路用地和建筑控制区范围内不得出现垃圾堆置。

第八章 附 则

第四十一条 现有文明示范路因养护工程或其他原因不能正常通行的,终止"文明示范路"称号,待原因消除且符合条件后重新申报。

第四十二条 文明示范路应接受社会各界监督,对群众举报或新闻报道,出现病害处治不及时,道路保护不力,路况不符合要求或养护施工不符合要求的，若情况属实，当年不能参加“文明示范路”评定，已经评定的，予以取消。

第四十三条 农村公路管理部门应加强文明示范路管理，保持其良好路况和路容，省交通厅公路管理局、市地方道路管理处对文明示范路的路况和路容进行常年跟踪，对发现的偶然问题督察限期整改，对于不按要求整改或路况、路容、管理明显不符合“文明示范路”标准要求的，坚决取消“文明示范路”称号，并在相应范围内给予通报批评。

附录四

焦作市县乡公路路政许可实施程序规定

第一条 为保证我市县乡公路路政许可依法实施，维护各方当事人的合法权益，保障和规范各级交通主管部门及其县乡公路管理机构依法实施行政管理，依据《中华人民共和国公路法》、《中华人民共和国行政许可法》、交通部《路政管理规定》、交通部《交通行政许可实施程序规定》、《河南省行政机关执法条例》和《焦作市县乡公路养护和路政管理暂行规定》，结合我市县乡公路路政工作实际，制定本规定。

第二条 实施县乡公路交通路政行政许可，应当遵守《行政许可法》、《交通行政许可实施程序规定》和有关法律、法规及本规定规定的程序，体现以人为本的思想和依法行政的原则。

第三条 属于县道的路政许可，在焦作市行政服务中心交通窗口办理。

属于乡道的路政许可，六县(市)范围内的，由县(市)交通局集中办理。四城区范围内的，由区交通局受理、审查、决定。

第四条 有路政许可申请意向的公民、法人或其他组织应填写《交通行政许可申请书》，并同时提交《路政管理规定》所要求的而该表未能包括的材料，向各级受理机构提交申请材料。

受理机构应为申请人提供《交通行政许可申请书》格式文本。

第五条 受理机构应在接到路政许可申请材料的当时，根据下列情况分别作出处理：

(一)申请事项依法不属于县乡公路路政许可范围的，应当场作出不予受理决定，并向申请人出具《交通行政许可申请不予受理通知书》，同时告知申请人应当向有关行政机关提出申请。

(二)申请材料存在当场可以更正的错误的，允许申请人当场更正。

(三)申请材料不齐全或形式上存在明显问题的,应当场或在5日内一次性告知申请人需要补正的内容,并出具《交通行政许可申请补正通知书》。

(四)申请材料齐全且符合形式要求的,受理路政许可申请,出具《交通行政许可申请受理通知书》。

《交通行政许可申请不予受理通知书》、《交通行政许可申请补正通知书》、《交通行政许可申请受理通知书》应当加盖交通行政主管部门的行政许可专用印章,注明日期。

交通行政许可申请受理机构应于接受申请材料的当日,将材料交至有审查权的机构审查。

第六条 焦作市县乡公路管理机构、区交通局、县(市)县乡公路管理机构在受理许可申请后2日内应当指派两名以上工作人员对申请材料的实质内容进行审查。(时间期限,均指工作日,不含法定节假日,下同。)

第七条 对申请事项进行实质审查时,发现申请事项直接关系他人重大利益的,应当告知利害关系人,向利害关系人送达《交通行政许可征求意见通知书》及相关材料(不包括涉及申请人商业秘密的材料)。

利害关系人有权在接到上述通知之日起5日内提出意见,逾期未提出意见的视为放弃上述权利。

第八条 乡道的路政许可申请符合乡道所要求的条件和标准的,由各县(市)区交通局负责办理许可,时间期限不得超过受理后20日,并于作出许可决定后10日内向申请人出具路政管理许可证。

第九条 县道的路政许可申请,可以向县(市)区交通局提出申请,由区交通局、县(市)县乡公路管理机构进行初审,并在受理申请后5日内将初审意见连同全部材料报焦作市县乡公路管理机构,焦作市县乡公路管理机构复审后,转焦作市行政服务中心交通窗口办理。

自该申请事项被受理后20日内作出交通行政许可决定,出具

《交通行政许可决定书》,并在许可决定后10日内向申请人出具路政管理许可证。

第十条 出具路政管理许可证前,路政许可负责审查方与申请方应视申请事项的需要签订协议,以表达许可的具体内容、双方的承诺及有关的条文约定。

第十一条 路政许可申请不符合相应的条件和标准的,应作出《不予交通行政许可决定书》,并说明理由,同时告知申请人享有依法申请行政复议或者提起行政诉讼的权利。

第十二条 区交通局、县(市)、县乡公路管理机构负责本行政区域内县乡公路路政许可事项实施阶段的指导、检查和许可事项到期后的道路现场验收。

对于县道许可事项的实施检查和到期验收,市县乡公路管理机构应加强监督和指导。县道许可事项开始实施时,许可资料交由县(市、区)县乡公路管理部门保管,许可事项完结后,市县乡公路管理机构收回资料。

第十三条 除当场作出县乡公路路政许可决定外,实施机关应当自受理申请之日起20日内作出行政许可决定。20日内不能作出决定的,经实施机关负责人批准,可以延长10日,并应当向申请人送达《延长交通行政许可期限通知书》,将延长期限的理由告知申请人。但是,法律、法规另有规定的,从其规定。

实施机关作出行政许可决定,依照法律、法规和规章的规定需要听证、招标、拍卖、检验、检测、检疫、鉴定和专家评审的,所需时间不计算在本条规定的期限内。实施机关应当向申请人送达《交通行政许可法定除外时间通知书》,将所需时间书面告知申请人。

第十四条 本规定自2005年7月1日起实施。

附录五

为农民圆梦

——焦作市农村公路发展纪实之一

吕立政　马如钢

（原刊登于2003年8月15日原《河南农村报》八版）

2002年底，焦作市240万农民终于迎来扬眉吐气的时刻。至此时，焦作市完成577.8 km县道二级公路改扩建任务，最后20个山区行政村完成了通油路的建设任务，各个乡镇全部开通二级公路，最偏远的乡镇抵达县（区）所在地仅需30分钟的车程，焦作提前3年实现了“乡乡通二级路、村村通油路”的目标。

这些振奋人心的数字，让焦作农民的百年夙愿变为现实，也让他们踏上了致富的金光大道。焦作地方道路建设在全国一炮打响，成为中原的一面旗帜。

这个目标的实现来之不易。近日，焦作市地方道路管理处处长苏延欣对记者坦言：“如果没有省有关部门的政策支持，没有市委、市政府提供的有力保障，没有全市地方道路系统干部职工的奋力拼搏，这个目标就很难实现。”

农民企盼致富路，政府心系百姓事

经济发展需要路，农民致富需要路。这是几代农民的渴望，也是焦作市委、市政府工作的重头戏。

北依太行、南靠黄河的焦作市，下辖6个县（市）5个城区，有350万人口，其中农业人口239万余，被称为“金三角”地带。改革开放大潮席卷全国时，焦作的经济有了突飞猛进的发展，焦作干线公路建设也发生了翻天覆地的变化，高质量、高标准的干线公路交错纵横，高速公路不断延伸。相比之下，焦作地方道路建设还有一定差距：县道质量不高,乡道半通不通,还有部分村没通油路,这在一定程度上影响着县域经济的发展。针对这种情况,焦作市委、市政府下决心改变这一局面。于是,一场彻底改变农村道路的宏伟工程在焦作大地破土动工……

要致富,先修路。这话听来并不新鲜,可要修成高质量的公路,没有瘦掉几斤肉的精神不行。苏延欣这位焦作市地方道路管理处的一把手深知其中的艰辛。

身为地方道路管理处处长的苏延欣,今年51岁,行伍出身,在部队里养成了雷厉风行的作风。面对困难有条件要上,没有条件创造条件也要上,敢打硬仗,要打胜仗,这便是苏延欣的性格。

苏延欣和党支部一班人团结一心,形成拳头似的组织,在焦作干起了令人瞩目的大工程——县道升级,乡乡通二级路,村村通油路。

这是挑战,也是机遇,只有抓住机遇,面对挑战,才能创造焦作地方道路建设的奇迹。

1997年,省里出台一个修路项目的优惠政策,苏延欣和党支部一班人紧紧抓住这个有利时机。他们在市委、市政府和交通局党委的大力支持下,以满腔的工作热情,一步一个脚印地实现着为民修路的目标。当年,焦作市就荣获省"好路杯"竞赛"金杯奖",1997年底,焦作市已实现村村通,平原区行政村已全部通了硬化路;1998年,实现了村村通公路。

荣誉接踵而来,更激起焦作市地方道路管理处党支部一班人的干劲。不管有多大的困难,也要让农民致富奔小康的目标早日实现。

苏延欣激动地对记者说:"焦作市公路局是全国典型,运管处是省典型,地方道路处如果不迎头赶上,就要拖交通局的后腿。地方道路处只有背水一战,拼搏进取,才能在全省率先实现'乡乡通二级路、村村通油路'的目标。"

2001年6月12日是焦作市掀起修建地方道路新高潮的"起跑线"。焦作市委、市政府发出指令,县到乡、乡到乡和通往主要旅游景区的道路全部按二级公路标准进行改建,到2002年底,全市剩余的

55个山区行政村全部通硬化路。

摆在苏延欣和党支部一班人面前的有两大任务:其一,修好农村致富路已迫在眉睫。其二,通往景区道路的建设也很紧迫。为此,苏延欣和党支部一班人深感责任重大。

时间紧,任务重。地方道路管理处党支部一班人没有被困难吓倒,他们以百倍的工作热情投入到工作中去。因为他们心中装着全市经济发展的重任,装着农民的利益。

焦作市地方道路管理处只有24人,全市县(市)区地方道路管理所也只有600多人,要拿下如此艰巨的任务,谈何容易。然而,他们一个人顶几个人用,哪里有困难,他们就冲到哪里,克服了一个又一个困难,保证了工程的顺利进行。

拼搏进取不畏难,高风亮节讲奉献

2001年6月,建设农村道路的战役打响了,各级党委、政府倾尽全力投入到工程中去,农民们奔走相告,焦作农村到处回响着悦耳的笑声。

有谁知道,为了筹措修路资金,市委、市政府和交通局的领导操碎了心,地方道路管理处党支部一班人跑细了腿。他们除了尽最大能力争取省里的补助资金外,还经过艰苦的努力,在金融部门贷流动资金1.15亿元,又自筹了3 400万元资金,为工程建设提供了资金保障。整个工程没给农民增加一分钱的负担。苏处长说:"再难也难不倒共产党人。"

"民工建勤搞一点,交通部门扶一点,包村单位拿一点,乡镇政府资助一点,县(市)财政挤一点。"多方努力汇聚成巨大的潜能,保证了这项"民心工程"的完成。

路基以下工程建设的投资交给了县乡政府,他们不讲价钱,没有条件,不向老百姓伸手,保质保量完成了任务。

各县(市)区在征地、拆迁补偿中,标准能低就低,能少就少,各方竭尽所能支持修路。有的乡通过采用盘活闲置资产的方法补助工程建设；有的乡镇通过贷流动资金的方法完成工程任务；更让人感动的是，不少沿线企业也为修路慷慨解囊。修路已成了焦作人的共识，只要谈到修路，人人都充满信心；只要为了修路，人人都乐于奉献。

工地上彩旗飘扬，机器轰鸣，到处是热火朝天的景象。建设者们挥汗如雨，穿镇过村，架桥开道，个个神勇无比。

市委书记秦玉海、市长毛超峰把修路作为工作的重中之重。他们对农村道路建设给予了极大关注，并多次带领交通部门视察农村道路建设，现场解决问题。

从2001年6月起，市交通局领导和市地方道路管理处的同志取消了节假日和礼拜天，做到“请示批复不隔夜，技术服务到现场”。市交通局局长刘树前、地方道路管理处处长苏延欣每天工作10多个小时，为筹集建设资金日夜奔波。苏延欣在工地上喊哑了嗓子需要动手术，为了赶工程抢进度，他硬是放弃了手术；他还取消了每年一次输液巩固治疗脑血管病的安排……

在建设公路的工程中，农民们看到了一个为民务实的政府，看到了一群和他们风雨同舟的政府官员。他们用满是老茧的双手，向政府捧出一颗颗滚烫的心。在修路工地上，有的农民放下赚钱的生意，有的农民扔下手中的活计，为修路出力流汗。不少农民告诉记者：“政府尽心尽责为咱修路，咱出点力也是应该的。”

博爱县张茹集乡一村民花7万元刚建成一座两层楼房，便接到拆迁通知。在赔偿、划宅基地都不到位的情况下，为了不耽误施工，他毅然拆了新居。修武县西村乡交口村党支书带领群众从开始施工到备齐土方，没有离开过工地一天，仅用20天时间就完成土石5 000 m^3。康平毅这位朴实的农民，房子被炸山取石时砸坏了，按规定应该赔偿，康平毅却一分钱也不要。这就是焦作农民的胸怀，坦荡无私。

在整个乡村道路建设中，广大农民给予了无私的奉献。记者从中悟出一个道理，当政府和农民的心紧紧连在一起时，那股力量就能撬起地球。

质量第一严把关,百年夙愿变现实

百年大计,质量第一。焦作市农村道路建设就是“试金石”,其质量的好坏标志着这项“民心工程”的成与败。

苏延欣对记者说:“质量是衡量我们工作好坏的准则,不能保证质量,上对不起政府,下对不起农民,说白了就是犯罪。所以,焦作地方道路管理处的全体人员都视质量为生命,既要求工程进展的高速度,更要求工程达标的高质量。”

2001 年,该市出台了《焦作市地方道路路网上档升级改造项目管理方法》、《焦作市地方道路路网上档升级改造项目质量监理办法》、《焦作市地方道路路网上档升级改造项目质量控制工作若干意见》等文件。这些文件的出台,使焦作市地方道路建设的质量有法可依,有章可循。

谁在工程上出了质量问题,就严肃查处谁,决不姑息迁就,这是市委、市政府铁的纪律。随后,焦作市又出台了《焦作市县道二级公路建设项目奖惩办法》,这个办法的实施,大大调动了各县(市)区创造优良工程的积极性。每修 1 km 路奖 1 万元,造成前修后坏或有重大事故发生的,除收回全部补助资金外,还要追究有关责任人的行政责任和法律责任,并停止今后两年所有项目的审批及拨款。

焦作市地方道路建设管理之严格,监督之严密、方法之科学、行为之规范,在焦作市绝无仅有。2002 年 6 月 17 日,焦作市地方道路管理处向各县(市)区派驻两个质量督察组,严格把关,把质量隐患消除在萌芽状态。这两个督察组共下发质量督察书 21 份,责令返工路段 30 km。在施工过程中,现场明令返工路段 50 多 km;在工程质检中,共清除 7 个不合格监理和 2 家施工单位。

苏延欣兴奋地告诉记者:“事实证明,焦作市地方道路建设不仅有高速度,更有高质量。全市县道二级公路建设项目质量合格率达 100%,优良率达 85%以上。”这些数字凝聚着地方道路管理者的全部心血。

辛勤的汗水铸造出丰硕的果实。乡村道路建设项目不仅锻炼出一支过硬的干部队伍，涌现出一大批先进人物，而且使山区农民的百年夙愿变成现实。

2002年，焦作市共完成投资7.247 1亿元，新改建28个县道升二级路项目，总长577.8 km，其中山区135.8 km，平原区442 km。在修路期间，共拆迁房屋5 687间，迁移电杆4 435根，伐树15.61万棵，完成路基土石方440万 m^3。他们共投资2 938万元，完成了全市最后20个山区行政村通油路的任务，建成旅游道路75 km。

2002年12月31日，焦作市委又召开了县道二级公路穿村过镇的绿色通道建设大会，要求2003年3月15日前完成整治工作，地方道路处又圆满完成了任务。日前，焦作市也被确定为全省农村道路示范市。

现在，焦作市实现了“乡乡通二级路，村村通油路，旅游景区道路畅通”的目标，焦作市公路密度达119 km/(100km^2)，在全国居领先水平。全市地方道路与干线公路、二级以上高等级公路占焦作市公路网总里程的27.4%，在全省名列前茅。

焦作市地方道路建设事业之所以取得今天的辉煌，就是因为有了一个为民务实、敢于拼搏进取的政府。有了这样的政府，何愁经济不能发展，农民不能致富？

火红的六月，火热的天，当记者驱车行进在焦作市乡村道路上时，宽阔的道路两边绿树成荫，农民脸上绽开着喜庆的笑容，运粮的三轮车欢快地驶过。

附录六

富民之路通天涯

——焦作市农村公路发展纪实之二

吕立政　晨　阳

（原刊登于2006年7月19日《今日安报》10版）

一条条道路伸向远方，伸向那天际相交的地方。

一条条县乡公路通向景区，通向农村，路过工厂。

这是焦作地方道路留给记者的第一印象……

滚滚大河东逝水，浪花淘尽英雄。苏延欣，这位出身于农村，成长于部队，在公路战线上摸爬滚打了12个年头的血性汉子，于1997年走马上任任焦作市地方道路管理处处长。十年磨一剑，在他在任的十年中，焦作市地方道路工作发生了翻天覆地的变化。1997～2004年，焦作市地方道路管理处连续4届获得全省公路"好路杯"竞赛金杯奖，2003年被省交通厅确定为全省农村公路示范市；2006年被省委、省政府授予"省级文明单位"，同时，农村公路建设工作受到省政府的嘉奖，并奖励资金2 000万元。2005年，焦作市地方道路投资近1.5亿元，修建了965个行政村703 km农村道路。而到了2006年上半年，焦作市共完成农村公路建设投资2.067亿元，完成农村公路建设任务871 km，他们风雨兼程谱写了一曲铿锵有力的大路之歌。近日，记者走进焦作，一起享受他们那成功的喜悦！

群策群力——成功的唯一保障

众人捧柴火焰高。2006年，从上到下，各级政府都加大了对农村道路建设的扶持力度。焦作市政府2006年对农村公路建设配套财政资金达到了2 000万元，这应该是一个喜人的数字。

焦作所辖县市（区）政府都把建设农村公路放在重中之重的位

置。沁阳市政府配套建设资金决不含糊;博爱县雷厉风行成立了农村公路建设领导小组,修武县也不甘示弱,成立了以县长为指挥长的指挥部;武陟县政府召开连续三次紧急会议,强力推进农村公路建设工作!

要修路,资金到位是一个重要的环节!焦作市不但充分利用了国家、省补助资金,而且还积极取得各级政府、人民群众和社会各界的支持,搞好配套资金的筹集工作。县市区财政每千米配套2万元资金,市县交通部门每千米各配套1万元,乡镇、村可以投工投劳形式配套2万元。要求有条件的沿线企事业受益单位可以自愿捐资修路,为农村公路建设奉献自己的力量!

乡镇作为村道建设的组织者,也是不甘示弱!沁阳市西万镇政府对建"村村通"工程给予每千米5 000元补助,镇主要领导经常到工地协调解决问题!

得民心者得天下。村村通,富民路,连心路!在农村,群众修建农村公路的积极性一浪高过一浪,省交通厅安排的农村公路建设计划不能满足群众的修路愿望,各县市政府领导和交通部门纷纷到市交通局、地方道路管理处请愿,请求追加项目计划和投资。一方面,焦作市交通部门审时度势,对经济条件稍微好一点,积极性高又确需修路的村庄,允许其在保证不形成新的农民工工资拖欠的情况下,自筹资金先开工,完成后经验收纳入明年计划;另一方面,焦作市交通、地方道路管理部门,积极到省厅争取项目和资金。苦心人,天不负。经过艰苦努力,省交通厅领导最后终于同意焦作市自筹资金先行建设,明年列入全省农村公路建设计划,这样在省计划外又安排了250 km的"村村通"工程。同时要求各县市区积极筹措配套资金,确保建设资金落实到位。县乡政府、县交通部门配套资金不到位的,上级补助资金不予拨付。同时,该市要求,在建设计划外工程中,县市区交通、地方道路部门必须先自筹足够的建设资金,资金到位后才能开工建设。否则,不能开工建设,同时,谁拖欠农民工工资就要追究谁的责任,直至给予取消其计划内建设项目的处罚。

每一步走得都是那样的艰难！而每一步又是那样的豪迈和自豪！就像苏延欣处长说的那样："发展地方道路没有现成的经验可以借鉴，但我们干的是一项对老百姓有益的事业，所以就是冒点险，吃点苦，也无怨无悔！"

时势造英雄。焦作市20世纪90年代初乡道损坏严重，现在修建"村村通"公路后，村道通了，然而连接村道的乡道、个别县道超期服役，油面损害严重，群众在村里走上了水泥路，出村还是"晴天一身灰，雨天满地泥"。为彻底解决老百姓的出行难问题，这部分道路虽然今年又不能列入省建设计划，但焦作市交通、地方道路管理部门急百姓所急，在市政府、省交通部门支持下，决定先自筹资金修建202 km县乡道路，争取明年列入省计划，为老百姓做了一件实实在在的好事。

质量——百年大计的唯一诠释

百年大计，质量为本。焦作地方道路部门为此下了狠心，他们认真制定了实施方案，成立了领导机构，完善了组织管理。同时，还制定了《2006年地方道路工程质量管理年活动实施方案》，出台了《关于进一步加强"村村通"建设项目管理的通知》，做到了建设有标准，监督有机制，奖罚有措施。整个质量监督体系，环环相扣，努力保证万无一失。

焦作市交通局组织全市286名农村公路技术人员进行了为期7天的专业培训，提高技术人员的技术水平，强化他们的工作能力。各县市区交通、地方道路部门对各乡镇主管领导、村委主任、群众代表进行农村公路建设质量知识培训，以达到全社会监督、全民监督的效果。

同时，还实行了农村公路建设质量义务监督员制度。市地方道路管理处组成以两名副处长为组长的两个督导组，分片负责。2006年5月底交通局、地方道路管理处的领导亲自带队对农村公路建设质量进行了全面检查，进一步强化质量管理。

通过计量支付，严把质量关。分项工程完成后，经自检、抽检合格，监理认可签字后将工作量和施工质量有关材料报市地方道路管理处，市地方道路管理处进行检查验收，合格后申请财政拨付资金，不合格的坚决停拨资金，返工再来，决没有什么商量的余地。

永恒——一首震撼人心的诗歌

2006 年，焦作市委、市政府确定今年投资 3 亿元建设农村公路 1 000 km。

苏延欣处长更是快马加鞭，风雨兼程。熟悉苏延欣的人都说："老苏瘦了，黑了！"而老苏一听到这话就是嘿嘿一笑："为老百姓修路，我就是身上蜕一层皮，也心甘情愿！"

有耕耘就有收获。2006 年上半年经过交通、地方道路管理部门的多方努力，焦作市实际安排年度计划投资 38 490 万元，农村公路建设计划 1 282.5 km。2007 年建设任务完成后，全市农村将实现真正意义上的村村通水泥路，将彻底告别"晴天扬灰路，雨天水泥路"的历史，能像城里人一样晴雨天都能走上平坦的水泥路，出门坐上公交车，这一切应该是历史性的跨越！这是一件应该载入焦作交通史的大事！

在采访结束时，苏延欣处长告诉在场记者："我们将在'十一五'期间实现农村公路网络化，2006 年底实现全部行政村通油路或水泥路；2007 年底在行政村通油路的基础上实现平原区及山区 50％的自然村通油路或水泥路；2008 年基本解决有路无桥、宽路窄桥和行政村之间断头路问题；2010 年实现平原区及山区 60 人以上的自然村通油路或水泥路。'十一五'规划中焦作市村道建设里程 2 311.748 km，其中网络化建设里程 1 777.748 km。'十一五'末将消灭断头路，实现干支相连，村村联网。"

苏延欣的话在我耳边久久回荡，那就像一首震撼人心的诗歌，在我和焦作的父老乡亲心中荡气回肠……

参考文献

[1] 交通部.公路工程技术标准[S].北京:人民交通出版社,2003.
[2] 交通部.公路养护质量检查评定标准[S].北京:人民交通出版社,1994.
[3] 交通部.公路桥涵养护规范[S].北京:人民交通出版社,2004.
[4] 交通部.公路沥青路面养护技术规范[S].北京:人民交通出版社,2001.
[5] 交通部.公路水泥混凝土路面养护技术规范[S].北京:人民交通出版社,2001.
[6] 国家质量技术监督局.道路交通标志和标线[S].北京:中国标准出版社,1999.
[7] 河南省交通厅公路管理局.河南省村级道路养护管理技术指导意见(试行)[S].2005.
[8] 河南省交通厅公路管理局和平顶山市公路管理局.公路绿化工程[M].北京:人民交通出版社,2002.
[9] 河南省交通厅公路管理局.公路养护工[M].北京:人民交通出版社,2002.
[10] 广东省公路管理局.路政岗位[M].北京:人民交通出版社,2004.